LOCALISATION

DE LA FACULTÉ SPÉCIALE

DU LANGAGE ARTICULÉ

A. Parent, imprimeur de la Faculté de Médecine, rue Mr-le-Prince, 31.

LOCALISATION

DE LA FACULTÉ SPÉCIALE

DU LANGAGE ARTICULÉ

PAR

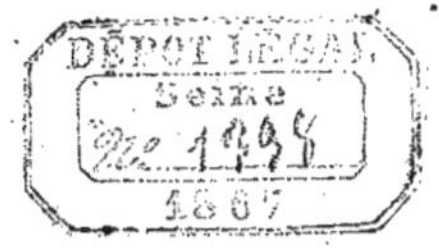

Le Dʳ Justin DE FONT-RÉAULX,

De Saint-Junien (Haute-Vienne),

Ancien interne de l'hôpital civil et militaire de Limoges,
Lauréat de l'École de Médecine (1ᵉʳ Prix),
Ancien interne provisoire des hôpitaux de Paris,
Médaille de bronze de l'Assistance publique (1865).

———

Thèse couronnée par la Faculté de Médecine de Paris
(MÉDAILLE D'ARGENT)
3 novembre 1866.

PARIS

ADRIEN DELAHAYE, LIBRAIRE-ÉDITEUR

PLACE DE L'ÉCOLE DE MÉDECINE

1866
1867

LOCALISATION

DE LA FACULTÉ SPÉCIALE

DU LANGAGE ARTICULÉ.

PREMIÈRE PARTIE.

I

Il y a plusieurs espèces de langages ; tout système de signes représentant les idées est un langage. Telles sont la parole, la mimique, la doctylologie, l'écriture figurative, l'écriture phonétique, e t l'on peut définir la faculté générale du langage : la faculté d'établir une relation constante entre une idée et un signe, que ce signe soit un son, un geste, une figure ou un tracé quelconque. Tout langage régulier suppose l'intégrité, 1° d'un certain nombre de muscles, des nerfs moteurs qui s'y rendent, et de la partie du système nerveux central d'où proviennent ces nerfs ; 2° d'un certain appareil sensorial externe, du nerf sensitif qui en part, et de la partie du système nerveux central où ce nerf va aboutir ; 3° enfin de la partie du cerveau qui tient sous sa dépendance la faculté générale du langage[1].
— Les organes de réception nécessaires à l'exercice du langage

---

1. Broca ; nous lui empruntons une grande partie des idées que nous développons ici.

sont tantôt l'oreille, tantôt la vue, quelquefois le toucher. Les organes d'émission sont mis en jeu par des muscles volontaires, larynx, langue, voile de palais, face, membres supérieurs, etc.

Le langage articulé, est le plus complexe de tous ; il nécessite pour son fonctionnement régulier l'intégrité 1° d'un appareil sensorial de réceptivité : c'est habituellement l'appareil auditif ; 2° de l'appareil de la phonation et de l'articulation, muscles, nerfs ; 3° de la partie du cerveau qui tient sous sa dépendance la faculté générale du langage ; 4° enfin entre la faculté générale du langage et l'appareil de la phonation et de l'articulation il y a un intermédiaire qui pour M. Bouillaud est la *faculté de coordonner* les mouvements propres à ce langage, ou *faculté spéciale du langage articulé*, et qui pour d'autres n'est qu'une mémoire spéciale.

L'existence de ce quatrième agent est indubitable. Les faits cliniques la démontrent. Il y a, en effet, des malades dont l'ouïe est à l'état normal, ainsi que l'appareil de la phonation et de l'articulation, et qui ont perdu la faculté du langage articulé. Pourtant chez eux la faculté générale du langage existe, puisqu'ils comprennent le langage articulé et qu'ils peuvent se servir des autres langages. La mémoire générale n'est pas détruite.

La faculté spéciale du langage articulé est-elle une faculté supérieure, et sa lésion est-elle un trouble intellectuel comme M. Broca est enclin à l'admettre ? N'est-elle qu'une faculté d'un ordre beaucoup moins élevé, et sa lésion un trouble de locomotion ? C'est ce qui paraît n'être pas encore résolu, bien que les faits cliniques rendent plus probable la première de ces deux hypothèses.

Quoi qu'il en soit, on a tenté de trouver quelle est la portion du cerveau dont dépend cette faculté.

M. Bouillaud, en 1825, adoptant en partie les idées de Gall qui n'étaient guère qu'une hypothèse, a placé cette faculté dans les lobules antérieurs du cerveau, et il a cité un très-grand nombre de faits à l'appui de cette opinion. Mais on lui en a opposé un nombre assez considérable.

M. Broca, en 1861, a conclu, de l'examen de plusieurs faits, que c'est dans une partie restreinte des lobes frontaux que siége l'organe du langage articulé. De nombreux faits sont venus confirmer son opinion et il a pu restreindre encore les limites de cet organe dans la moitié postérieure de la troisième circonvolution frontale. L'examen de ces faits l'avait amené à dire que c'était exclusivement dans l'hémisphère gauche que siégeait la faculté qui nous occupe.

M. Dax père l'avait déjà, en 1836, localisée dans cet hémisphère. — M. Dax fils est venu appuyer les idées de son père sur un grand nombre de faits. A cette époque quelques faits ont amené M. Broca à accepter que le lobe droit participe aussi à la fonction de la parole, mais il a maintenu que c'est une exception. L'organe du langage est double, mais un seul fonctionne principalement, et c'est ordinairement le gauche.

En 1865 une discussion a eu lieu à l'Académie de médecine à l'occasion d'un mémoire de M. Dax fils. Les débats très-vifs qui se sont élevés ont mis en lumière un assez grand nombre de faits ; ce sont les principaux de ces faits et ceux qui se sont produits depuis lors que j'ai analysés ici, car je n'ai pas l'intention de publier et d'analyser toutes les observations que l'on a invoquées à l'appui des doctrines de M. Bouillaud (lobules antérieurs) de M. Broca (3ᵉ frontale) ou de M. Dax (hémisphère gauche). Beaucoup de ces faits sont trop incomplets au point de vue symptomatique ou au point de vue anatomo-pathologique pour être probants. C'est ainsi, en particulier, que presque tous les faits publiés avant M. Broca sont sans valeur pour étayer ou pour infirmer sa doctrine. Ce n'était guère l'usage alors d'étudier les lésions par circonvolution, et nous avons laissé de côté ces faits. Cependant quelques-uns ont paru absolument subversifs des localisations, il a été fait grand bruit autour d'eux dans différentes publications et dans la discussion de l'Académie. Ces observations nous les avons examinées avec soin, et nous publions avec les faits les remarques critiques qu'ils nous ont suggérées. Ils sont loin d'avoir tous la valeur qu'on leur a attri-

buée, plusieurs n'en ont aucune, d'autres prouvent le contraire de
ce que ceux qui les ont appelés à leur aide veulent établir; c'est ce
que nous espérons montrer.

Ce sont surtout les lésions pathologiques et les lésions traumati-
ques du cerveau qui ont été invoquées, et les malades chez qui la
faculté spéciale du langage articulé était lésée ont reçu de M. Broca
le nom d'*aphémiques*. M. Trousseau a préféré le mot *aphasie* pour
désigner la maladie ou symptôme que présentent ces malades. Nous
nous servirons de ce dernier qui est devenu le plus usuel grâce au
talent de vulgarisation de son auteur.

Les malades qui ont cette faculté seule lésée sont les vrais aphasiques, mais on a étendu le sens de ce mot, on l'a appliqué à des
malades qui présentaient en outre un affaiblissement plus ou moins
considérable de l'intelligence; nous l'emploierons dans ce sens,
bien qu'alors il s'applique à des malades bien différents les uns des
autres.

Au point de vue symptomatique, les aphasiques offrent des di-
versités bien en rapport avec le principe de localisation. La faculté
lésée l'est plus ou moins. Elle se complique de la lésion d'une ou de
plusieurs autres facultés; tantôt, par exemple, le langage mimique
est lésé, tantôt, c'est le langage écrit phonétique, tantôt le langage écrit figuratif, tantôt plusieurs de ces langages ou tous à la fois, et
le malade ne manifeste plus ses idées. Alors parfois les diverses facultés
du langage sont lésées dans le pouvoir émissif, le pouvoir réceptif
étant conservé, et le malade, si son aphasie a été transitoire, raconte
que dans l'état où il était, il comprenait très-bien ceux qui, par le
langage, cherchaient à entrer en relation avec lui. D'autres fois la
faculté générale du langage est lésée, pouvoir réceptif et pouvoir
émissif, et il semble que chez ces malades, les idées, s'ils en ont,
n'ont plus assez de netteté pour qu'ils puissent chercher à les manifester. Elles sont avortées, en quelque sorte à l'état rudimentaire,
c'est l'*hébétude*.

Les troubles du langage ne résultent pas uniquement des lésions de la faculté spéciale de ce langage ou de son arc réceptif, ils peuvent résulter des lésions de l'arc émissif, soit que l'émission ne se fasse plus, soit qu'elle se fasse encore, mais soit interceptée et ne puisse pas se manifester ou se manifeste imparfaitement. Cliniquement, il y a parfois de grandes difficultés à reconnaître ces diverses formes, et cela doit être, et n'a rien d'opposé à la localisation, car on comprend que le résultat ne diffère guère que l'organe soit lésé ou que la lésion siége sur le trajet de l'émission, les tubes nerveux étant détruits dans un point; c'est ce qui explique, croyons-nous, les faits d'aphasie avec lésion des parties centrales des hémisphères seulement, les circonvolutions étant saines.

D'autre part, la coordination des mouvements des muscles qui concourent à l'articulation, peut être lésée par suite d'altération de ses nerfs et en particulier à l'origine de l'hypoglosse, ce qui n'est pas très-rare, et alors la parole est troublée, il y a du bredouillement. On a insisté à ce sujet dans ces derniers temps sur les lésions des olives comme troublant la coordination des mouvements des muscles qu'innerve l'hypoglosse et entravant par conséquent la parole. S'il en est ainsi, il y a dans ce fait qu'a étudié M. Schroder d'abord, et depuis M. Jaccoud, une nouvelle cause de complexité dans le diagnostic exact du siége de la lésion du système nerveux, dans les cas de trouble de la parole. C'est un élément nouveau à étudier, mais il n'a rien de contraire à la localisation de la faculté spéciale du langage *dans une portion des hémisphères*. Seulement il rend probable l'hypothèse que cette faculté est intellectuelle et que son trouble n'est pas un trouble locomoteur.

Avant d'examiner les faits, nous croyons nécessaire d'étudier rapidement la région du cerveau où la clinique paraît avoir découvert le siége de la faculté du langage articulé.

II.

Pour beaucoup de personnes, le lobe frontal est bien plus restreint qu'il ne l'est en réalité; l'étudiant par la face inférieure, on lui attribue la partie de l'hémisphère située en avant du chiasma des nerfs optiques et de la corne sphénoïdale. C'est en effet la limite de sa face inférieure, mais à la convexité sa longueur est au moins double. Aussi ne faut-il pas prendre à la lettre ce qui a été écrit des faits où il est dit que les deux lobes antérieurs étaient entièrement détruits, et pourtant les malades continuaient à parler. Quand on ne spécifie pas davantage, il est permis de croire que l'auteur a voulu parler de la partie de ces lobes qui recouvre la voûte orbitaire. Tel est le fait de l'enfant Vaillosge (*obs.* II) de M. Cruveilhier et beaucoup d'autres).

Le lobe antérieur du cerveau comprend toute la partie de l'hémisphère située au-dessus de la scissure de Sylvius et en avant du sillon de Rolando.

Le sillon de Rolando ne correspond point à la suture coronale; il commence *au sommet du cerveau,* à 4 centimètres en arrière de cette suture. Ce sillon est presque transversal et à peu près rectiligne; il aboutit en bas et en dehors à la scissure de Sylvius qu'il rencontre presque à angle droit.

Le lobe antérieur se compose de deux étages, l'un inférieur ou orbitaire qui repose sur la voûte de l'orbite; l'autre supérieur.

L'étage supérieur se compose de quatre circonvolutions; l'une est postérieure et transversale, elle forme le bord antérieur du sillon de Rolando, et s'étend de la faux du cerveau à la scissure de

Sylvius ; les trois autres sont antéro-postérieures, parallèles entre elles. Elles sont très-flexueuses, mais avec de l'habitude, on les distingue très-bien dans toute leur longueur, malgré les sillons secondaires qui séparent les plis du second ordre, et qui varient avec les individus. Ces trois circonvolutions commencent au niveau de l'arcade sourcilière où elles se réfléchissent vers la face inférieure pour se continuer avec les circonvolutions *orbitaires* et en arrière elles se jettent toutes trois dans la circonvolution frontale transverse. Elles sont désignées à partir de la ligne médiane par les noms de première, deuxième, troisième frontales : la troisième se trouve ainsi la plus externe.

La première, qui est la plus volumineuse présente un sillon antéro-postérieur, qui la divise en deux plis de second ordre ; ce sillon est plus ou moins complet.

La troisième circonvolution frontale, par son bord externe, a des rapports qu'il faut noter. Dans sa moitié antérieure, ce bord est en contact avec le bord externe de la circonvolution orbitaire la plus externe. Dans sa moitié postérieure, au contraire, il est libre et forme le bord supérieur de la scissure de Sylvius.

La moitié postérieure de la troisième circonvolution frontale a été envisagée d'une autre façon par M. Foville. Elle fait partie de la circonvolution d'enceinte de la scissure de Sylvius. Nous allons l'examiner à ce point de vue.

Si l'on écarte les lèvres de la scissure, on constate que la fosse de Sylvius est limitée par trois lèvres, une antérieure, une supérieure, une postéro-inférieure. La première portion est représentée par la partie la plus externe du lobule orbitaire ; elle forme un angle droit avec la lèvre supérieure de la fosse de Sylvius. Cette lèvre supérieure est très-longue : elle s'étend jusqu'à l'angle aigu postérieur de la scissure. Elle offre des sinuosités dont l'ensemble forme deux festons nettement limités entre eux par le sillon de Rolando, qui, après avoir divisé transversalement la face convexe du cerveau, s'arrête à la circonvolution d'enceinte que nous décrivons, et la respecte. Le feston antérieur est formé par la moitié postérieure de la troisième circonvolution frontale, et par la partie inférieure de la frontale transverse. Le feston postérieur fait partie du lobe pariétal.

La lèvre postéro-inférieure s'étend obliquement depuis l'angle supérieur et postérieur de la scissure jusqu'à la partie externe et postérieure du quadrilatère perforé. Cette lèvre est peu sinueuse. La lèvre supérieure prend le nom de *pli marginal supérieur*; la lèvre inférieure celui de *pli marginal inférieur*. Ces deux lèvres, dans l'état normal, sont rapprochées et cachent la fosse de Sylvius, où descend la pie-mère, mais non l'arachnoïde, qui passe directement d'un pli marginal à l'autre.

Ainsi se trouve constituée la circonvolution d'enceinte qu'il est nécessaire de bien connaître pour préciser le siége des lésions de cette région.

Nous ajouterons que le bord extra-scissural de la circonvolution marginale inférieure est longé par un sillon profond, la *scissure parallèle* qui la sépare nettement de la scissure temporale moyenne.

Au fond de la fosse de Sylvius se trouve le lobule de l'*insula* avec ses circonvolutions radiées en éventail qui reposent sur le noyau extra-ventriculaire du corps strié. Ces plis rayonnent vers le bord adhérent du feston antérieur de la marginale supérieure et un peu vers l'angle postérieur de la scissure, qu'ils n'atteignent point. La partie postérieure de la cavité scissurale est occupée par de petites circonvolutions représentant des contre-forts qui descendent des deux marginales.

Le lobe de l'*insula* se trouve ainsi caché profondément; de là vient qu'on néglige souvent de voir l'état de ses circonvolutions, surtout lorsque, comme c'est malheureusement habituel à beaucoup de médecins, on étudie simplement sur des coupes la surface du cerveau, sans procéder préalablement à l'étude par circonvolutions.

Il est important de noter que le lobe de l'*insula*, souvent lésé quand le langage articulé est atteint, est un caractère important du cerveau humain. Il n'existe chez aucun autre mammifère; les singes seuls en possèdent un, mais il est complétement lisse, et c'est à peine s'il offre trace de plis dans l'orang et dans les troglodytes[1].

Gratiolet a vu que le développement des circonvolutions frontales se fait plus vite à gauche, tandis que l'inverse a lieu pour les circonvolutions du lobe postérieur.

Mais nous nous arrétons; nous avons hâte de passer à l'examen des faits cliniques qui ont été invoqués pour ou contre la localisation de la faculté spéciale du langage articulé. Ainsi que nous l'avons dit précédemment, nous n'avons pas l'intention de les publier tous; nous voulons analyser ceux qui ont été considérés comme ayant une grande importance et voir s'ils ont bien la portée qu'on leur a attribuée. Cette question a depuis un an fixé notre attention ; depuis lors, placé à l'hospice de la vieillesse (hommes), où les maladies cérébrales et les nécropsies sont si fréquentes, nous n'avons observé aucun fait qu'on puisse opposer à la doctrine localisatrice de la parole. Nous joindrons ici quelques-unes de nos observations à celles que nous publions.

Étudiant le rapport entre la lésion cérébrale et la lésion fonctionnelle du langage articulé, nous ne tiendrons compte que des faits où l'autopsie a été faite, et nous laisserons de côté, malgré l'intérêt qu'ils présentent, les faits d'aphasie transitoire, fugace. Ce sont des cas de guérison, la lésion n'était pas de nature à laisser de trace. Nous en citerons pourtant quelques-uns auxquels on a attribué une grande valeur et nous les analyserons.

1. Gratiolet, *Anatomie comparée du système nerveux*, t. II, p. 111.

DEUXIÈME PARTIE.

I

Au début de la grande discussion qui eut lieu l'an dernier à l'Académie de médecine, on attendait avec une certaine impatience la lecture du rapport de M. Lélut, sur le mémoire de M. Dax; c'était pour la quatrième fois, en quarante années, que la grave question des localisations cérébrales reparaissait dans le champ clos de la rue des Saints-Pères. Cette fois les localisateurs étaient mieux armés, disait-on, et la lutte devait être vive. Le nom du rapporteur suffisait pour qu'on attendît beaucoup du plus enthousiaste adversaire de la phrénologie. Le rapport parut enfin, et il était, en effet, gros d'orages. Il me paraît important de le transcrire ici, non pour le réfuter complétement, il l'a été à l'Académie beaucoup mieux que je ne saurais le faire, mais pour le mettre en regard d'un fait qu'il cite et qui est propre à M. Lélut.

RAPPORT de M. LÉLUT sur le mémoire de M. Dax relatif aux fonctions de l'hémisphère gauche du cerveau :

« L'Académie a renvoyé à l'examen d'une commission composée de MM. Bouillaud, Béclard, Lélut, et dont je suis le rapporteur désigné, un travail de M. le docteur Dax, ayant pour titre : *Observations tendant à*

*prouver la coïncidence constante des dérangements de la parole avec une
lésion de l'hémisphère gauche du cerveau.*

« Je regrette que l'Académie m'ait fait l'honneur de me confier cette
tâche, et j'aurais dû peut-être le décliner. Il y a dans les parties mêmes
de la science physiologico-psychologique dont je me suis le plus occupé,
une foule de choses que je ne sais pas ou dont je doute, un grand nombre
de points sur lesquels je suis tout prêt à changer ou modifier mon opinion.
Il y en a quelques-uns, et c'est bien le moins après trente ou quarante ans
d'études, sur lesquels, à tort ou à raison, mon opinion ne saurait plus ni
changer, ni se modifier. Telle est, en thèse générale, la relation qu'on
cherche à établir entre tel fait ou telle faculté de l'esprit, et telle partie du
système nerveux central ; telle est, en thèse particulière, l'attribution
qu'on voudrait faire de telle ou telle partie de ce système au fait et à la
faculté du langage et de la parole. Ceci n'est ni plus ni moins que de la
phrénologie, et je me suis, je crois, assez occupé de cette pseudo-science,
pour n'avoir plus à y revenir. (*Qu'est-ce que la phrénologie.* Paris, 1836.)

« Je suis donc dans ce cas particulier et sur le sujet particulier du
mémoire de M. Dax, dans des conditions qui ne permettraient guère d'en
parler au nom d'une commission. Aussi me bornerai-je à esquisser, en
très-peu de mots, mon opinion particulière à l'Académie, laissant à mes
deux savants collègues toute la liberté de la contredire.

« Suivant l'honorable auteur du mémoire, cent quarante observations
prises en presque totalité en dehors de sa propre expérience, prouvent
que dans les dérangements de la parole, c'est toujours l'hémisphère gauche
du cerveau qui est altéré, les lésions de l'hémisphère droit restant toujours
étrangères à ces dérangements.

« Si un pareil fait était vrai, le cerveau, ce mystérieux organe, serait
bien plus mystérieux encore. Chacun de ses deux hémisphères, chaque partie
même de ses hémisphères pourrait être le siége de fonctions différentes.
Rien ne s'oppose à ce qu'il en soit de même des autres organes doubles du
reste du corps, et l'on pourrait ainsi en venir à prouver, toujours en vertu
de l'observation, qu'il n'y a qu'un œil, le gauche par exemple qui voit, le
droit pouvant servir à autre chose. Mais comme on le pense bien et pour
parler sérieusement, il en est des deux hémisphères comme des deux yeux ;
ils remplissent les mêmes fonctions ; le gauche n'est ni plus ni moins lésé

que le droit dans les dérangements de la parole, et si, à cet égard, on croyait devoir condescendre à citer des faits, j'en aurais, à l'instant même et sans plus d'effort de mémoire, un bien magnifique à citer, consigné par moi, il y a plus de trente ans (*Journal hebdomadaire de médecine*, n° du 20 février 1830). C'est le fait d'un épileptique chez lequel la réduction en bouillie de tout l'hémisphère cérébral gauche n'avait pas même été soupçonnée, *et avait laissé, jusqu'au dernier moment, la parole intacte.*

Rappellerai-je encore, et comme une sorte de contre-épreuve, un autre fait dont j'ai en ce moment dans mon cabinet le dessin exécuté par moi, sous les yeux, d'une altération carcinomateuse du cervelet, avec altération de la parole, l'hémisphère gauche du cerveau étant complétement sain ?

Rappellerai-je, enfin et surtout, ce fait général, si remarquable, de l'altération profonde de la parole chez les aliénés atteints *de démence avec paralysie générale*, et chez lesquels il n'y a d'autre lésion du cerveau que des adhérences inflammatoires des méninges à toute la surface de cet organe?

Mais j'ai dit que je ne voulais entrer dans aucune discussion contradictoire de faits, pas plus que de principes, à l'occasion du mémoire, du reste si consciencieux, de notre honorable confrère, M. Dax, sur la question de principe qu'il soulève ; sur la question même de fait que l'auteur croit y avoir résolue (que l'Académie me permette de le lui redire et que M. Dax me le pardonne), *mon siége est fait*, et je n'ai ni le temps ni la volonté de le recommencer.

Ce rapport avait été lu par un membre de la haute assemblée autre que le rapporteur. M. Lélut n'avait pas paru et ne daigna pas paraître tant que dura la discussion qui suivit. Mais on avait son rapport, et s'il n'était pas gros de faits, du moins il était on ne peut plus catégorique ; le rapporteur déclarait qu'il était fixé sur la possibilité de localisation, qu'il avait étudié quarante ans cette question, qu'il avait assez écrit à ce sujet, que « à tort ou à raison son opinion ne saurait se modifier. » Il déclare que tenter de localiser la faculté de la parole, c'est de la phrénologie, et que c'est une pseudo-science dont il ne veut plus s'occuper. Il eût pu s'en tenir là ; cependant il poursuit et daigne « condescendre à citer trois faits; l'un surtout est «bien magnifique, » dit-il. Ce fait, en effet, est considérable; il s'agit d'un homme qui a « *tout l'hémisphère gauche réduit en bouillie,* » sans que cela soit « soupçonné, » et qui a conservé la parole intacte jusqu'au dernier moment. Ce fait a produit une grande émotion et en était digne; il fallait renverser toute la physiologie et la pathologie cérébrale. Heureusement, ces sciences reposant sur des bases solides, ce fait ne pouvait les ébranler; aussi a-t-il provoqué une sévère appréciation de M. Bouillaud (*Bull. d'acad.*, 1865, p. 581). Parlant de cette observation, invoquée par M. Lélut, et de la deuxième qu'il cite, il s'écrie : « Évidemment, il s'agit encore ici, sous une autre forme, de ces *pseudo-faits,* arguments qui ne sont pas, comme on pourrait le dire, le désespoir de la science, mais qui se constituant, en quelque sorte, à l'état de révolte contre la raison et le bon sens, doivent être mis *hors de la loi scientifique.* Il n'y a point de raison contre la raison. De tels faits ne sont rien moins que les ennemis de la science. Ils doivent donc peser lourdement sur la conscience scientifique de leurs auteurs. » L'accusation était grave et vaut la peine d'être contrôlée. Voyons le fait de M. Lélut :

OBSERVATION I.

Publiée dans le *Journal hebdomadaire de médecine*, n° du 20 février 1830.

Coloration bronzée des téguments chez un épileptique, produite par l'usage intérieur du nitrate d'argent. — Observation recueillie par le Dr *F. Lélut.*

Brochon, âgé de trente-sept ans, garçon vitrier, est entré à l'hospice de Bicêtre, le 14 juillet 1824.

L'épilepsie de Brochon ne date pas de son enfance. Sa sœur attribue la production de cette maladie chez lui, aux fatigues et aux frayeurs de l'état militaire. Brochon a, en effet, servi dans les chasseurs de la garde impériale. Avant son entrée à l'hospice de Bicêtre, il avait subi à l'hôpital de Saint-Louis un traitement par le nitrate d'argent, à la suite duquel sa peau avait acquis une teinte bronzée. On lui fit recommencer un traitement semblable dans le premier de ces deux hospices : la coloration augmenta. Il devint noir à la face, au cou, aux mains ; les conjonctives, la membrane muqueuse buccale participèrent à la teinte bronzée du reste du corps. Les attaques d'épilepsie devinrent plus fréquentes et plus fortes ; il s'y joignit des accès de manie furieuse, dans lesquels Brochon devenait violent et dangereux. Dans leurs intervalles, il était d'un calme stupide, se promenait seul, fumait beaucoup, parlait peu, surtout quand il était intimidé par le rang des personnes qui lui adressaient quelques questions. Après avoir pris sans succès le remède de M. Mallent, il fut placé dans la section des épileptiques incurables, le 26 mai 1824.

Le 8 juin 1827, je l'ai vu se promener, fumer comme à son ordinaire. Le soir, en se couchant, il n'accusait aucune douleur ; rien ne paraissait changé en lui. Le 9 juin, à trois heures du matin, il meurt dans une attaque violente d'épilepsie, consécutive à plusieurs autres attaques qui venaient d'avoir lieu.

Autopsie le 10 juin, à six heures du matin.

(Je supprime la description des lésions qui se trouvaient ailleurs que dans le système nerveux ; elles n'ont pas de rapport avec la question que j'étudie ici.)

Axe cérébro-spinal. — L'épaisseur des os du crâne est, terme moyen, de trois à quatre lignes ; les voûtes orbitaires sont elles-mêmes beaucoup plus épaisses que de coutume.

Les vaisseaux et les sinus de la dure-mère contiennent une assez grande quantité de sang.

A la surface du lobe postérieur de l'hémisphère gauche, dans l'étendue de deux pouces carrés à peu près, la cavité de l'arachnoïde renferme une once et demie environ de sang noir, fluide, répandu en nappe. Le feuillet interne de cette membrane est très-légèrement opaque à la partie supérieure et interne de chaque hémisphère. La pie-mère, médiocrement injectée et infiltrée d'un peu de sérosité sanguinolente, s'enlève avec assez de facilité. Cependant, à la face supérieure et moyenne des deux hémisphères, surtout du gauche, il y a des endroits dont il est plus difficile de la séparer. Elle se détache moins bien sur le cervelet que sur le cerveau.

La masse encéphalique est généralement un peu molle.

A la partie externe du lobe postérieur gauche et des dernières circonvolutions du lobe moyen du même côté, les circonvolutions sont d'un jaune terreux assez foncé; elles sont extrêmement molles, diffluentes, et pourtant conservent leur forme. Aucune d'elles n'est déchirée. Quand on les coupe, leur tissu paraît raréfié, et elles semblent offrir une sorte de cavité qui pourtant ne contient pas de liquide, et ne communique point avec les cavités normales du cerveau. Le ramollissement pénètre dans la substance blanche, dont il a rendu les fibres très-apparentes, jusqu'à une ligne de la paroi externe des ventricules latéraux. Ses caractères diminuent d'autant plus qu'on s'éloigne davantage de la partie moyenne du lobe postérieur. Sur les circonvolutions jaunies de la partie postérieure du lobe moyen, il n'intéresse que la couche la plus extérieure de la partie corticale. Autour de cette altération, il n'y a aucune injection, nulle rougeur, nulle induration du tissu cérébral. Dans le reste de l'encéphale, les deux substances sont légèrement injectées; les points sanguins qu'offre la blanche quand on la coupe, sont petits, peu nombreux, et ne se réunissent point en nappe sur les surfaces de section. Une zone mince et intermédiaire de substance blanche divise la substance corticale en deux autres zones, une extérieure, plus épaisse, qui n'est presque pas injectée; l'autre intérieure, d'un gris violet, qui offre un assez grand nombre de gouttelettes sanguines.

Les lobes antérieurs du cerveau sont assez développés. Leurs circonvolutions et leurs anfractuosités ont, avec celles des autres lobes, leurs proportions les plus ordinaires.

Dans la région cervicale entre la dure-mère et les parois du canal rachidien, sont épanchées deux ou trois onces de sang noir fluide. Le cordon rachidien et ses membranes me semblent à l'état normal.

Ainsi, *en réalité*, le malade de M. Lélut, au lieu d'avoir « *tout l'hémisphère gauche réduit en bouillie,* » comme l'affirme M. Lélut en 1865 à l'Académie; n'avait de lésion en 1830 (à part l'hémorragie cérébrale qui l'a emporté en quelques heures) que dans la moitié postérieure de cet hémisphère. Là siége un ramollissement qui occupe « la partie externe du lobe postérieur et les dernières circonvolutions du lobe moyen. » Ce ramollissement pénètre jusqu'au voisinage du ventricule latéral. Le ramollissement siége surtout « à la partie moyenne du lobe postérieur, » et quant aux circonvolutions postérieures du lobe moyen, « elles ne sont atteintes qu'à la couche la plus *superficielle de la substance corticale. Autour de cette altération, il n'y a nulle injection, nulle rougeur, nulle induration du tissu cérébral.* » « *Les lobes antérieurs du cerveau sont assez développés, leurs circonvolutions et leurs anfractuosités ont, avec celles des autres lobes, leurs proportions les plus ordinaires.* »

Qui faut-il croire ? M. Lélut de 1830 ou M. Lélut de 1865 ? Je crois avoir montré que l'appréciation de M. Bouillaud citée plus haut, quelque grave qu'elle fût, n'était que trop fondée : M. Bouillaud avait pressenti juste ; sans analyser le fait, il le repoussait d'avance.

Tel qu'il est, le fait de M. Lélut est un des plus favorables à la localisation cérébrale du langage, puisque la lésion siége dans le lobe postérieur de l'hémisphère gauche et que la parole n'est pas troublée.

J'ai tenu à m'étendre sur le fait de M. Lélut parce qu'il ressort de ces remarques un grand enseignement : c'est qu'il ne faut pas jurer sur la parole du maître.

OBSERVATION II.

Publiée par M. *Cruveilhier*, dans la huitième livraison de son *Anatomie pathologique du corps humain*. In-fol.

Idiotie. — Bonne conformation du crâne, avec absence des deux lobes antérieurs du cerveau et atrophie de son hémisphère droit. Ventricules latéraux ouverts antérieurement; ventricule latéral droit ouvert en outre de côté et en arrière [1].

Vaillosge (Alexandrine-Virginie), idiote de naissance, reçue aux Orphelins à l'âge de douze ans, fut transférée peu de temps après aux Incurables, où elle est morte âgée de quinze ans, par suite d'un dévoiement chronique. Voici les détails qui ont été recueillis sur son état pendant les deux dernières années de sa vie.

L'idiotie était portée au plus haut degré : on était obligé d'habiller et de faire manger cette malheureuse enfant; bien qu'elle jouît de tous ses mouvements, elle restait des journées entières accroupie, inclinant alternativement la tête, soit à droite, soit à gauche; elle ne pouvait pas non plus coordonner ses mouvements pour la marche, il fallait la porter d'un lieu dans un autre. L'olfaction paraissait nulle, ou plutôt la jeune idiote était insensible aux mauvaises odeurs. Les autres sens ne présentaient rien de particulier. Lorsqu'on la menaçait comme pour la frapper, elle poussait des cris affreux. Le besoin d'alimentation était senti; et quand elle était pressée par la faim, elle l'exprimait à l'aide de *quelques mots bien nettement articulés*.

Ouverture du cadavre. — Le crâne est très-bien conformé à l'extérieur, sa cavité n'est pas exactement remplie par le cerveau. *Les lobes antérieurs manquent complétement.* Une sérosité limpide, contenue dans la cavité de l'arachnoïde, occupait l'intervalle qui sépare l'extrémité antérieure du cerveau de la région frontale de la dure-mère. Chose bien remarquable ! les surfaces orbitaires, qui pourtant ne répondaient nullement au cerveau, mais bien à de la sérosité, présentaient des éminences mamillaires et des

---

1. Observation recueillie, pièce présentée à la Soc. anat. par M. Lacroix, interne provisoire dans le service de M. Breschet.

impressions digitales tout à fait semblables à celles d'un individu sain du même âge. D'ailleurs, à part l'absence du lobe antérieur, l'hémisphère gauche remplissait complétement la partie correspondante du crâne; tandis que l'hémisphère droit, dont le volume était à peu près la moitié du volume de l'hémisphère gauche, était séparé des parois du crâne par un espace rempli de sérosité. Les rubans olfactifs étaient sains. On voit sur cette même figure l'imperfection de la partie postérieure de l'hémisphère droit, une large perte de substance qui établit une communication entre le ventricule latéral de ce côté et la cavité de l'arachnoïde. On voit encore la partie supérieure de l'ouverture que présente le lobe antérieur de l'hémisphère gauche.

Le bulbe rachidien, la protubérance annulaire et ses prolongements, le cervelet, sont à l'état naturel. Il en est de même des lobes moyen et postérieur de l'hémisphère gauche; mais les lobes moyen et postérieur de l'hémisphère droit présentent une atrophie manifeste. Les lobes antérieurs existent à peine, surtout celui du côté droit, et à leur niveau une large perte de substance fait communiquer la cavité des ventricules latéraux avec la cavité de l'arachnoïde.... L'extrémité antérieure ou grosse extrémité des corps striés, qui dans l'état naturel se trouve recouverte par les circonvolutions antérieures, est ici à découvert.

Une figure représente le cerveau vu de côté et à droite. L'ouverture postérieure ou plutôt latérale de l'hémisphère droit, le petit nombre de circonvolutions latérales; le profil des ouvertures antérieures, sont parfaitement indiquées sur cette figure.

L'intérieur du cerveau n'offrait d'ailleurs rien de remarquable.

Parmi les réflexions dont M. Cruveilhier fait suivre cette observation nous relevons celle-ci :

Remarquons qu'il y avait absence des lobes antérieurs, et cependant la malade avait la faculté d'articuler les sons. Elle exprimait ses besoins pressants par la parole nettement articulée. Donc, la faculté d'articuler les sons ne réside pas plus dans les lobes antérieurs que dans les lobes moyens, que dans les lobes postérieurs.

Le fait de l'idiote Vaillosge a une importance considérable. Il a été donné comme capital pour repousser la lbcalisation de la faculté d'articuler la parole, dans les lobes antérieurs du cerveau ; il a été considéré comme tel d'abord par M. Cruveilhier, depuis par tous les adversaires de la doctrine de M. Bouillaud et de M. Broca. M. Longet, étudiant la question qui nous occupe, reconnaît que M. Bouillaud a réfuté victorieusement plusieurs des objections de ses adversaires, et démontré que quelques-unes d'entre elles s'appuyaient sur des faits mal interprétés ; puis il ajoute : « Toutefois, en nous fondant sur d'autres cas, dans lesquels la parole avait été conservée, malgré le broiement, la désorganisation des deux lobes antérieurs, malgré une perte de substance considérable aux dépens de ces deux lobes ou d'un seul ; *en tenant compte surtout de l'exemple d'une jeune idiote (Vaillosge)* chez laquelle il y avait absence complète des deux lobes antérieurs, et qui, pressée par la faim, prononçait néanmoins *quelques mots bien nettement articulés*, nous ne pouvons admettre que l'organe qui coordonne les mouvements de la prononciation siége spécialement dans les lobules antérieurs du cerveau. » Longet, Traité de la physiologie, t. II, p. 438.

Ce fait doit-il être interprété comme il l'a été ? je ne le pense pas, et il suffit, pour s'en convaincre, de jeter les yeux sur les figures 1 et 2 de la planche si bien faite, annexée à l'observation par M. Cruveilhier. On voit de la façon la plus nette qu'il y a *tout au plus la moitié antérieure du lobe frontal gauche* qui manque. On voit très-bien le sillon de Rolando, et en avant de ce sillon plus de la moitié du lobe frontal intacte : la partie postérieure des trois circonvolutions frontales antero-postérieures et toute la frontale transverse sont conservées ; la portion de ce lobe qui repose sur la voûte orbitaire n'est pas même complétement détruite, surtout dans la troisième frontale qui fait défaut à peine dans son tiers antérieur. La plus courte des trois circonvolutions est la deuxième, et c'est à son niveau que le ventricule latéral offre un pertuis.

Du côté droit, les lésions sont beaucoup plus étendues, la moitié externe de ces hémisphères fait défaut.

Ainsi, en résumé, toute la circonvolution d'enceinte de la scissure de Sylvius du côté gauche est saine chez Vaillosge, et, de ce côté, la corne frontale seulement du lobe antérieur fait défaut, le reste de l'hémisphère de ce côté est parfaitement developpé.

Comment se fait-il que M. Cruveilhier ait écrit : « Les lobes antérieurs manquent complétement. » C'est que, pour lui, bien évidemment, les limites des lobes antérieurs n'étaient pas ce qu'elles sont aujourd'hui pour tout le monde, c'est-à-dire à la face convexe le sillon de Rolando ; il ne voulait désigner que la corne frontale, la portion sus-orbitaire du lobe antérieur. Le sens de cette observation ainsi rectifié, il reste un fait important : c'est que l'idiote de M. Cruveilhier « prononçait quelques mots bien nettement articulés » bien qu'elle eût une absence de la moitié antérieure des deux lobes frontaux et de la moitié externe de l'hémisphère gauche. Elle avait plus de la moitié postérieure de la troisième circonvolution frontale gauche et même toute la circonvolution d'enceinte de la scissure de Sylvius, il n'y a pas lieu de s'étonner qu'elle parlât. Ce fait montre de la façon la plus nette qu'il n'est, pour parler, nullement besoin de l'intégrité des deux lobes antérieurs, puisqu'ils peuvent être lésés dans une étendue considérable, et la parole n'être pas abolie. Comme fait négatif, il est un appoint important à la localisation de la faculté de parler dans la partie externe et postérieure du lobe frontal et spécialement du côté gauche.

OBSERVATION III.

Publiée par *Boyer* (*Traité des maladies chirurgicales*, IVe vol., p. 261. Édition Ph. Boyer).

En l'année 1830 ou 1831, j'ai vu, à l'hôpital de la Charité, un jeune homme qui avait reçu dans la paupière supérieure de l'œil *droit, autant que je puis me le rappeler*, un coup porté par un parapluie. Le bout de la canne du parapluie avait traversé la paupière supérieure, la graisse de la voûte de l'orbite, et brisé l'os qui forme cette voûte. Dans les premiers moments, il ne survint aucun accident du côté du cerveau. Le malade ne pouvait parler, il remuait très-bien la langue, et cet organe faisait toutes ses fonctions, mais il y avait *impossibilité complète d'articuler aucune parole*. Le malade *écrivait pour demander tout ce dont il avait besoin*, et il faisait remarquer qu'*il avait la mémoire*, mais qu'il lui était impossible de prononcer des mots. Cet état dura quelques jours, après lesquels le malade tomba dans le coma et mourut. L'examen du cerveau fit voir que cet organe avait été blessé dans la partie antérieure de l'hémisphère *correspondant* à la blessure de l'œil, et qu'un abcès s'était formé dans cette partie au devant du ventricule latéral dont il était isolé.

Ce malade de Boyer a été du petit nombre de ceux qu'on a cités offrant une aphasie très-nette avec une lésion à droite. Chez lui, en effet, l'aphasie était pure, mais il n'est pas prouvé que la lésion fût à droite; Boyer dit qu'elle siégeait à droite « autant qu'il peut se le rappeler. » Cela est évidemment insuffisant pour qu'on ait le droit de l'affirmer aujourd'hui, puisque Boyer lui-même n'osait le faire. Bien qu'il soit accepté aujourd'hui par tous, même par M. Broca, que l'organe du langage articulé est symétriquement placé dans ces deux hémisphères, comme les faits semblent établir que l'organe gauche est habituellement celui dont la lésion amène l'aphasie, il est bon, quand on discute cette question, d'invoquer des faits positifs et non de donner comme tels, des faits qui ne peuvent avoir aucune valeur à ce point de vue. Bien que malheureusement, comme dans presque toutes les observations datant de quelques années, la description de la lésion, son étendue, ses rapports avec les circonvolutions, fasse défaut, on peut considérer ce fait comme étant en faveur de la localisation de M. Broca. M. Bouillaud, dans la discussion de l'Académie, nous apprend que la lésion siégeait à *gauche*, il le tient de témoins oculaires de ce fait qui rentre ainsi dans les plus ordinaires.

OBSERVATION IV.

Fait publié par M. *Rochoux* dans la *Gazette des hôpitaux*, 1840, p. 445.

Apoplexie dans les lobes antérieur et moyen droit du cerveau. Persistance de la parole.

Piat Antoine, âgé de quatre-vingts ans, habitué à l'ivrognerie, tomba tout à coup sans connaissance le 6 juin, en sortant du cabaret et n'ayant guère bu qu'un demi-litre de vin. Il présenta alors les symptômes suivants : résolution générale des membres, respiration stertoreuse, extrémités froides, pouls petit, à peine sensible, déjections alvines très-copieuses, involontaires.

Transporté à l'infirmerie de Bicêtre dans un état qu'on prit d'abord pour de l'ivresse, et qui, en effet, y ressemblait beaucoup, il passa la nuit entière dans un profond assoupissement. Le 7, à la visite, il paraissait entendre un peu, mais on ne put en tirer aucune parole ; il avait le haut de la face, autour des yeux, fortement contus par suite de la chute qu'il avait faite au moment de son attaque. Le croyant encore sous l'influence du vin, M. Rochoux se borne à prescrire une simple tisane d'orge et la diète.

Le 8, à la visite, l'état général était toujours le même ; seulement, à force de questions il finit par répondre qu'il allait un peu mieux.

Le 9, même état. Il parle encore à la visite. Le malade est très-affaibli ; le coma est plus profond dans la journée, mort dans la soirée.

Autopsie, 24 heures après la mort.

Les vaisseaux du péricarde et ceux des membranes du cerveau sont gorgés de sang. Immédiatement sous la pie-mère, à la réunion du lobe moyen avec le lobe antérieur de l'hémisphère *gauche* du cerveau, se trouve un caillot de sang arrondi, aplati, s'amincissant vers les bords, du poids d'environ quarante-cinq grammes, enveloppé de toute part par la substance cérébrale, excepté au centre ou dans la surface d'une pièce de vingt sous, la substance corticale irrégulièrement éraillée, laissant ce sang en contact avec la première. Tout ce qui formait le foyer présentait un type de ramollissement hémorragipare, couleur serin du tissu cérébral, rareté, pointillé, plus gros caillots, et enfin lambeaux flottants. A plusieurs lignes de distance du foyer existaient des masses grosses comme le pouce, de ramollissement hémorragipare, sans épanchement de sang. A l'extrémité antérieure des lobes antérieurs droit et gauche, se trouvait un foyer disposé comme celui qui vient d'être décrit; seulement chacun de ces foyers était beaucoup moins considérable, et le sang en caillots noirs qu'ils contenaient à peine de vingt-quatre grammes du côté droit, et de seize grammes du côté gauche.

Rien de remarquable dans les autres cavités.

La réflexion suivante accompagne l'observation ci-dessus :

Cette observation vient à l'appui de l'opinion émise par M. Rochoux dans ce journal, savoir : que l'organe de la parole n'avait pas son siége dans les lobes antérieurs du cerveau.

De ce que le malade pouvait parler, bien qu'il offrît une lésion étendue au niveau de la partie postérieure du lobe frontal et deux moins étendues au niveau des deux cornes frontales, M. Rochoux n'a pas le droit de dire que la parole n'a pas son siége dans les lobes antérieurs; au contraire, son fait montre que toute l'étendue des lobes frontaux n'est pas nécessaire à la fonction de la parole, et comme tel, il confirme la doctrine qui tend à s'établir; la partie postérieure de l'un des lobes était saine. Quel était le côté où elle était saine ? Il est dit dans l'observation que la lésion siégeait à gauche, et on n'a pas manqué de citer ce fait contre MM. Dax et Broca. Ce fait venait se joindre ainsi à celui de Boyer; nous avons vu ce qu'il faut en penser; celui de M. Rochoux a la même valeur; si nous en croyons le texte, la lésion est à gauche, si nous lisons le titre, elle est à droite; le mot gauche et le mot droit ne sont écrits qu'une fois, et il n'est pas possible d'affirmer que la lésion fût à gauche.

OBSERVATION V.

Publiée par M. *Pierre Bérard*, dans le *Bulletin de la Société anatomique*, 1843, p. 121.

Le 4 mars 1843, à six heures du soir, est entré, au n° 19 de la salle Saint-François, un ouvrier âgé de vingt-neuf ans; en chargeant une mine, il a commis l'imprudence de se servir d'une baguette en fer au lieu d'une baguette en cuivre qu'on conseille d'employer pour éviter les éclats de fer qui, en s'enflammant, peuvent communiquer le feu à la poudre. Cet accident est arrivé en effet, et à trois heures de l'après-midi, la mine a éclaté; de nombreux fragments de pierre sont venus le frapper au front et l'ont renversé; mais il n'a pas perdu connaissance; il n'a pu se relever. Conduit dans une charrette, sur laquelle il a été placé, il a été vu par M. Bérard à Charenton; il a raconté lui-même son accident, et a répondu à toutes les questions qu'on lui a adressées. A l'hôpital il a pu marcher depuis le bureau jusqu'à son lit.

Voici ce que M. Bergeron, interne du service, a constaté : large plaie avec perte de substance à la région frontale; hémorragie, très-abondante à ce qu'il paraît, au moment de l'accident, complétement suspendue; fracture comminutive du frontal avec perte de substance et large ouverture des sinus frontaux qu'on parcourt avec le doigt ; pas de matière cérébrale dans la plaie ; contusion violente des deux globes oculaires, et opacité des milieux de l'œil, surtout à gauche; crépitation manifeste, avec mobilité de fragments osseux dans la voûte orbitaire droite ; traces innombrables de grains de poudre sur la figure, douleurs nulles au fond de l'excavation, extrêmement vives dans les globes oculaires. Parole nette, intelligence parfaitement conservée, à part un peu de somnolence. Pas de paralysie des membres, pas de contracture. Deux saignées. La nuit a été passée dans une sorte de coma dont on peut retirer facilement le malade.

Le 5 mars au matin, somnolence et subdelirium dont on le retire aisément. Il rend parfaitement compte de son état, répond à toutes les questions qu'on lui adresse, et raconte de nouveau son accident, sans le moindre embarras dans la parole. Douleurs toujours fort vives dans les deux orbites; matière cérébrale sur la charpie dont on avait bourré la plaie; pas de signes de paralysie ni de contracture. Saignée ; applications sinapisées, lavement purgatif.

A une heure de l'après-midi, hémorragie légère, état comateux complet ; hémiphlégie faciale droite ; sensibilité conservée dans les membres ainsi que la motilité ; tendance remarquable du malade à se porter à droite.

Mort dans le coma, à six heures du soir.

Autopsie. Fracture avec perte de substance considérable du frontal, occupant la partie interne des deux voûtes orbitaires et les deux faces antérieure et postérieure des sinus frontaux ; la paroi postérieure des sinus que l'on croyait intacte pendant la vie est formée par une pierre irrégulièrement cubique, de près de trois centimètres de diamètre, enclavée dans les os.

Tout le lobe antérieur de l'hémisphère cérébral gauche est converti en une masse molle, rouge, sanguinolente, uniforme, sans aucune trace d'organisation, et contenant dans son intérieur de nombreux fragments osseux. Cette masse s'étend jusqu'au fond de la scissure de Sylvius.

La même désorganisation a détruit les deux tiers internes du lobe antérieur droit, dans toute sa hauteur, par conséquent, toute la partie de ce lobe qui repose sur la voûte orbitaire. En arrière, elle s'arrête au niveau de la divergence des racines blanches du nerf olfactif. Au niveau de ces parties désorganisées, il est extrêmement difficile de séparer l'un de l'autre les hémisphères cérébraux.

Tout le reste du cerveau est parfaitement sain, blanc comme à l'état normal.

Il est à regretter que l'état de chaque circonvolution n'ait pas été fait ; il semble que la troisième circonvolution frontale gauche était détruite, mais ce n'est pas certain ; ce qui l'est, c'est que celle du côté droit était saine. Nouveau fait qui élimine de l'organe du langage une grande partie des lobes antérieurs.

OBSERVATION VI.

Publiée par M. *Trousseau* (*Clinique*, IIᵉ vol., p. 609.)

Au printemps de 1825, deux officiers en garnison à Tours eurent une querelle qui se termina par un combat singulier. Les deux adversaires se rendirent sur le terrain en habit bourgeois et par une pluie battante ; l'un d'eux, qui essuya le premier, le feu de son adversaire, reçut une balle qui traversa le ruban du chapeau, le cerveau d'une tempe à l'autre, et vint soulever l'os temporal du côté opposé. La matière cérébrale jaillit au dehors par le trou que la balle avait fait et nous en trouvâmes des morceaux sur le bord du chapeau. Le blessé fut apporté immédiatement à l'hôpital de Tours pendant la visite du matin. Il était dans la stupeur, et quoiqu'il respirât avec facilité, il ne donnait aucun signe de connaissance.

On incisa le muscle temporal du côté gauche, avec la spatule on souleva la portion de l'os qui était brisée et l'on retira la balle.

A la fin de l'opération, le pauvre malade fit avec les mains un geste qu'il accompagna d'un remercîment fait à voix très-basse.

Chose étrange, cette épouvantable blessure marcha à souhait : après quelques jours, le malade parlait et il n'y avait aucun signe de paralysie. Un mois plus tard il se levait, et pendant cinq mois qu'il passa à l'hôpital, vivant presque constamment avec les internes du service, il les amusait par sa gaieté, par sa causerie piquante, il occupait ses loisirs à faire des comédies et des vaudevilles. Vers la fin de l'été, il survint une céphalée violente, de la stupeur, puis des signes d'un ramollissement aigu du cerveau, et à l'autopsie on trouva dans le trajet de la balle une esquille qui avait déterminé une inflammation de la substance cérébrale. La balle avait traversé les deux lobes frontaux à leur partie moyenne, et dès le premier jour qui avait suivi la blessure le malade n'avait pas présenté de signe de paralysie, il avait parlé et jamais il n'y avait eu la moindre hésitation dans l'expression de la pensée jusqu'au moment où survint le ramollissement cérébral qui causa la mort.

M. Trousseau ayant omis de spécifier la circonvolution lésée, ce fait ne peut que s'ajouter aux précédents ; c'est encore une lésion notable des deux lobes qui n'entraîne pas la suppression de l'exercice de la parole.

OBSERVATION VII.

Ce fait, publié par M. *Lacorbière*, est rapporté par M. Bouillaud dans la *Discussion de l'Académie*, 1865, p. 739. M. Lacorbière le tenait de Lamennais.

Un ami de Lamennais rencontre sa femme en *conversation criminelle*. Un duel au pistolet s'ensuit. Le mari reçoit une balle qui lui traverse les deux lobes antérieurs du cerveau. La parole cesse aussitôt et sans retour, bien que le blessé revenu à lui-même eût recouvré l'exercice de ses autres facultés intellectuelles et ne mourut que plusieurs jours après.

Ce fait a beaucoup d'analogie avec celui de l'officier de M. Trousseau. Une balle dans les deux cas traverse les deux lobes frontaux ; dans les deux les facultés intellectuelles sont conservées, seulement dans celui de M. Trousseau la balle a traversé la partie moyenne des lobes frontaux et la parole est sauve, dans l'autre nous ne savons sur quel point les lobes frontaux ont été atteints et la parole est abolie. Tous les deux montrent bien qu'il y a une portion seulement de ces lobes réservée au langage, et par ce que nous savons, il est bien probable que c'était à la partie postérieure de ces lobes que siégeait la lésion chez l'ami de M. Lamennais.

OBSERVATION VIII.

Le malade objet de cette observation, est mort dans le service de M. *Bouillaud ;* les pièces anatomiques ont été présentées par son chef de clinique, M. *Blachez*, à l'Académie, et le fait est publié dans la *Gazette des hôpitaux*, 1865, p. 165.

Un homme de quarante ans entre à la Charité le 27 février avec une hémiplégie gauche. Les personnes qui l'ont amené nous apprennent que depuis trois semaines il se plaignait de mal de tête, qu'il était sombre, taciturne. Le 23 février, quatre jours avant son entrée, il a eu une attaque d'apoplexie avec chute et perte de connaissance qui a duré une demi-heure.

Il présente une hémiplégie gauche parfaitement caractérisée, quoique incomplète. Il se plaint quand on pince le bras ou la jambe gauche et leur imprime un léger mouvement de retrait, mais il peut tenir ces mêmes membres élevés au-dessus du plan du lit.

La face n'est pas sensiblement déviée. L'état du malade ne permet pas d'obtenir les mouvements nécessaires pour manifester la déviation, si elle existe. La pointe de la langue s'incline à gauche. Le malade est dans un état de demi-somnolence, d'hébétude. Il répond à voix basse, incomplétement, aux questions qu'on lui adresse. Le pouls est à 90, plein, dur, sans chaleur à la peau. Cœur normal. Il est constipé depuis plusieurs jours et urine sous lui. Aucun antécédent syphilitique avoué. Il ne porte aucune trace de syphilis. Il n'a jamais eu d'habitudes alcooliques bien accusées. Ce malade a passé un mois dans le service sans que son état ait été modifié sensiblement.

L'hémiplégie s'est complétée, et dans les derniers jours la face grimaçait à droite. Il n'a pas quitté son lit. Le matin, à la visite, il ne répondait qu'avec peine et très-incomplétement aux paroles qu'on lui adressait. Le langage était cependant conservé chez lui. Les mouvements de la langue étaient difficiles, et quand il voulait parler son visage se contractait comme sous l'empire d'une souffrance.

Les différentes fonctions s'accomplissaient régulièrement. Il mangeait habituellement, avec l'aide de la sœur, une ou deux portions. Il mâchait mal et avalait difficilement. Jamais de plaintes, aucune attaque convulsive, aucune marque de souffrance.

Le 28, il est tombé dans le coma et a rapidement succombé.

Le cerveau seul a été examiné.

La partie supérieure de l'hémisphère droit est manifestement ramollie dans une étendue de cinq centimètres environ, dans un point voisin de la scissure médiane, et correspondant à l'union du tiers antérieur avec le tiers moyen de la face convexe de l'hémisphère. En ce point, la substance cérébrale, injectée, désagrégée, se dissocie sous le filet d'eau. Une incision pratiquée à ce niveau met à découvert un vaste foyer purulent, contenant à peu près 150 grammes d'un pus jaune, assez fétide, très-épais et qui s'écoule aussitôt.

Ce foyer, placé au-dessous du point ramolli, a le volume d'un petit œuf de poule. Il est placé dans la partie supérieure du lobe antérieur, au-dessus de la paroi supérieure du ventricule latéral dans lequel il ne pénètre pas. Le doigt introduit dans la cavité du ventricule, est séparé du foyer par une épaisseur de 1 centimètre environ. En dedans, ce foyer répond à la partie externe et supérieure du corps calleux. En dehors, il s'avance dans l'épaisseur de la substance blanche de l'hémisphère; sa limite postérieure ne dépasse pas une ligne qui séparerait le tiers antérieur du tiers moyen de l'hémisphère.

Ce foyer est circonscrit par une membrane épaisse, tomenteuse, richement vascularisée, qui l'isole complétement de la substance cérébrale environnante. La paroi est anfractueuse, irrégulière. Le contenu présente, à simple vue et au microscope, tous les caractères du pus le plus légitime.

Différentes parties du tissu cérébral ramolli, examinées à un grossissement de deux cents diamètres, ont offert les éléments de la substance cérébrale parfaitement reconnaissables, quoique diversement altérés. Les tubes sont brisés, séparés des cellules nerveuses, variqueux. De nombreux corpuscules de Gluge se présentent au milieu des différentes préparations.

Toutes les autres parties du cerveau sont normales.

Les vaisseaux n'ont pas été examinés, ils le seront ultérieurement, et nous ferons connaître le résultat de cet examen, s'il présente quelque particularité notable.

Au point de vue qui nous occupe, cette observation a de l'intérêt. Par la description qui en est donnée, on voit que l'abcès volumineux du lobe frontal droit siégeait à la partie postérieure du lobe frontal au niveau de la substance blanche sous-jacente à la partie postérieure des circonvolutions antéro-postérieures. Chez lui le langage articulé était conservé, quoiqu'il répondit avec peine et très-incomplétement; il était dans un état d'hébétude.

OBSERVATION IX.

M. le Dr *Peter* a observé ce fait à l'hôpital militaire du Gros-Caillou.
(*Gazette hebdomadaire*, 1864, p. 433.)

Il s'agit d'un cavalier qui, étant ivre, tomba de cheval sur l'occiput et se fractura le crâne. A la stupeur initiale succédèrent l'agitation la plus grande et le délire le plus intense. Cet homme vociférait continuellement les jurons les plus énergiques et se livrait à des conversations suivies avec des personnages imaginaires. Il succomba au bout de trente-six heures sans avoir recouvré sa raison. A l'autopsie, on trouva une fracture de la voûte et de la base du crâne dans toute leur longueur. Mais ce qu'il y avait de très-remarquable, c'est que, la chute ayant eu lieu sur l'occiput, ainsi que le prouvait l'attrition des parties molles et la fracture en étoile de l'occiput, le cerveau ne présentait pas de lésion à ce niveau, tandis que les deux cornes frontales étaient réduites à une véritable bouillie par une contusion des plus violentes, produite évidemment par le choc de la masse cérébrale qui était venue s'écraser contre la partie antérieure de la voûte crânienne. Cette altération du cerveau intéressait toute l'épaisseur de la pulpe, et s'étendait de chaque côté jusqu'à l'orifice antérieur du sillon des nerfs olfactifs.

C'est un nouveau fait qui prouve bien que les cornes frontales des lobes antérieures n'ont pas de part à la parole.

OBSERVATION X.

Manie avec prédominance d'idées génitales. — Tumeur squirrheuse du crâne. — Destruction d'une grande partie des lobes antérieurs du cerveau, sans altération notable dans la parole, par M. *Velpeau.* (*Bulletin de l'Académie de médecine*, 1843, p. 862.)

Paris, Charles, âgé de soixante-six ans, coiffeur, demeurant à Paris, rue des Tournelles, n° 24, est entré à la Charité, le 25 février 1843, au n° 40 de la salle Sainte-Vierge.

Cet homme est plus affaibli que ne le comportent son âge et sa constitution.

Ses actions, ses paroles, dénotent dans ses facultés mentales un dérangement qui ne dépasse pas une certaine bizarrerie s'étendant à toutes choses et non pas seulement à une série d'idées. Il semble avoir des prétentions marquées à cet esprit goguenard que l'on regardait autrefois comme particulier aux hommes de sa profession.

Ses plaisanteries toujours triviales, quelquefois plus que licencieuses, sont faites d'un air concentré et avec des inflexions de voix qui indiquent dans l'auteur une haute opinion de lui-même. Chaque mot est isolé et souvent comme souligné, d'un air de grosse finesse. Paris rit rarement; mais il exerce volontiers sur ses voisins ses habitudes de moqueries en conservant toujours cet air sûr de soi-même et souvent sans tourner la tête vers ceux à qui sont destinés ses lazzis.

Il vient, dit-il, se faire traiter de deux maladies, une incontinence d'urine et des douleurs dans les épaules. Cette dernière affection date de trois mois. A cette époque, après avoir satisfait un besoin dans un champ, il essaya en vain de se relever; ses jarrets se plièrent sous lui et il tomba sur le dos. Pendant vingt et une heures, il resta couché sans avoir la force de se soutenir. La faiblesse disparut, mais laissa après elle des douleurs dans les épaules. Ces douleurs, supportables d'ailleurs, sont plus intenses du côté gauche que du côté droit. L'état qui les avait précédées et les douleurs elles-mêmes furent combattues par des sinapismes appliqués aux jambes et des frictions sur les épaules avec un onguent qu'il ne peut nommer.

Il reporte à une époque plus éloignée l'incontinence d'urine dont il se plaint et qui paraît peu intense. Il y a sept ou huit ans, dit-il, qu'il éprouve des envies fréquentes d'uriner; mais il est averti de ce besoin par la sensation interne qui l'annonce chez une personne saine, et il peut toujours prendre ses précautions en conséquence.

Telles sont les deux causes qui ont amené Paris à l'hôpital; il se plaint de plus, sans y attacher autant d'importance, d'une faiblesse dans les bras, qui, tout en conservant l'intégrité de leurs mouvements, ont, depuis quelque temps, notablement perdu de leur force.

26 février. — Deux ventouses scarifiées sont appliquées sur l'épaule

gauche au lieu indiqué par le malade. Le lendemain il souffre moins, dit-il, et deux nouvelles ventouses enlèvent complétement le reste des douleurs qui, selon lui, n'existent plus le 28 février.

Ces deux jours ont permis de constater le peu d'intensité de l'incontinence d'urine. On ne remarque pas que le malade urine beaucoup plus fréquemment que ceux qui sont couchés dans la même salle. Mais ce que l'on a constaté aussi, c'est qu'il se livre avec le cynisme le plus effronté à la masturbation. Le grand jour, la présence de plusieurs personnes, ne peuvent le retenir. Des renseignements, pris auprès de ses parents et même de sa femme, apprennent que chez lui il avait contracté déjà cette habitude depuis longues années ; on lui attache les mains pour l'empêcher de s'y livrer.

Dans la nuit du 1er au 2 mars, il se lève et se promène dans la salle jusqu'à ce que l'infirmier le reconduise à son lit. Pendant assez longtemps il se cache entre les lits pour éviter d'être vu. Les mouvements des membres sont faciles.

2 Mars. — Comme le malade continue à accuser de l'incontinence d'urine, j'explore l'urèthre avec une sonde. A peu de distance du méat, vers la fin de la fosse naviculaire, on rencontre un rétrécissement qu'une bougie franchit avec assez de facilité. Aucune autre lésion n'est constatée, si ce n'est vers la prostate, par le cathétérisme. On laisse une bougie à demeure dans le canal. Bientôt après la visite, le malade l'enlève ; une autre est introduite et aussitôt retirée.

Le 4 mars, on remarque dans les traits de Paris une altération, un affaissement profonds. Il est couché sur le dos, parle beaucoup moins et se livre aux mêmes actes que les jours derniers ; on lui lie les mains, mais il recommence dès qu'on les détache un instant.

Le 5 et le 6 mars, le malade s'affaiblit rapidement, mais cet affaiblissement est général ; on ne constate aucune espèce de paralysie limitée. Lorsqu'on lui fait une question, Paris y répond avec un peu plus de peine que les jours précédents ; mais il cause avec ses voisins et plaisante l'infirmier qui le change de lit. Il urine sous lui ; mais les garde-robes sont volontaires.

Le 7 mars, Paris parle encore librement, mais il ne fait plus aucun mouvement dans son lit ; il s'affaisse à vue d'œil et meurt le soir à dix heures.

Autopsie trente-six heures après la mort.

Cavité encéphalique. Le crâne, bien conformé, peu épais, est brisé avec le marteau ; en avant, à quelques centimètres au-dessus de l'apophyse crista-galli, surtout à droite, la dure-mère adhère à l'os frontal et se déchire un peu par les tractions. Le crâne n'est pas notablement aminci dans ce point.

Par sa face interne, la dure-mère a contracté les mêmes adhérences de chaque côté ; à quatre ou cinq centimètres de la faux du cerveau, on remarque qu'elle ne peut pas être rabattue jusqu'à la scissure médiane. Il semble d'abord que ce soit à la surface cérébrale, plus dure qu'à l'état normal, qu'elle adhère ; mais un examen plus attentif fait voir qu'une tumeur occupe la place de la plus grande partie du lobe antérieur gauche et de *tout le lobe antérieur droit* de l'encéphale.

Cette tumeur mamelonnée, recouverte par la pie-mère, a tout à fait l'apparence du cerveau lui-même. Après avoir séparé la dure-mère des deux côtés, on arrive à la faux du cerveau. Ce repli membraneux occupe très-exactement la ligne médiane ; il ne semble donc pas avoir été comprimé par la tumeur plus fortement d'un côté que de l'autre. Si on cherche à le suivre dans l'épaisseur du tissu nouveau, on constate qu'il est resté parfaitement intact dans sa continuité. Il sépare donc deux lobes ou plutôt deux tumeurs intimement unies à son tissu, que l'on n'isole qu'avec peine, mais qui, en définitive, peuvent en être complétement détachées.

Ces tumeurs se touchent au-dessous de lui, mais elles en sont distinctes quoique fortement accolées l'une à l'autre. Je décrirai séparément chacune de ces deux tumeurs après avoir fait observer que leur réunion offre la forme d'un œuf placé obliquement de gauche à droite, d'arrière en avant, et de haut en bas, dans l'épaisseur des lobes antérieurs, empiétant plus à droite qu'à gauche.

La tumeur droite proémine à la face supérieure du cerveau et au-dessous. Elle a donc pris la place du lobe antérieur qui a disparu et dont elle simule la forme. Elle est appliquée contre ce qui reste de ce lobe en arrière par une bandelette de substance cérébrale large de deux centimètres, qui passe au devant d'elle en sautoir et la bride. En arrière elle appuie sur la substance blanche. Il n'y a donc pas eu simple refoulement, mais disparition d'une portion de la partie antérieure du lobe cérébral.

La tumeur *gauche*, plus globuleuse, *n'a pas détruit aussi complétement le lobe de ce côté*. Elle le remplace en dedans, en haut et en avant, *mais en bas et un peu en dehors il existe une certaine épaisseur de la substance cérébrale intacte*.

Le diamètre transverse de la tumeur entière est de 0,085, son diamètre antéro-postérieur est de 0,045. Elle est très-irrégulière, et sa surface présente un grand nombre de bosselures, dont quelques-unes sont de véritables lobules. Son tissu est très-dur, lardacé, criant sous le scalpel ; sa coupe est uniforme ; enfin il offre les caractères du squirrhe.

Le nerf olfactif droit, placé au-dessous de cette tumeur, était intact ; peut-être un peu mou. Rien n'a indiqué que chez ce malade la faculté d'olfaction fût altérée ni conservée. *Les autres parties du cerveau et le cervelet sont à l'état normal.*

Nous supprimons les détails de l'autopsie qui concerne les organes du thorax et de l'abdomen.

Ce fait rappelé à l'Académie, l'an dernier, lors des débats qui suivirent le rapport de M. Lélut, amena une discussion passionnée qui occupa la presse médicale. Ce fait fut repoussé par M. Bouillaud comme inexact, et il allégua à l'appui de son assertion de légères divergences entre le récit de M. Delpech et celui de M. Faure, tous les deux présents à l'autopsie. Mais ses objections ne nous paraissent avoir qu'une valeur très-accessoire, et nous ne voyons rien dans cette observation qui puisse nous faire douter de son exactitude. Elle nous paraît revêtue de toutes les garanties d'authenticité, et force est bien de la prendre telle qu'elle est. Il est certain, d'après les débats académiques qui se produisirent à cette occasion, que M. Bouillaud ne veut pas reconnaître la possibilité d'une lésion étendue des deux lobes frontaux sans trouble du langage articulé. Ce fait est important au point de vue de la discussion de la doctrine de M. Bouillaud. En 1848, il offrit *un prix de* **500** *francs à celui qui lui apporterait un exemple de lésions profondes des lobules antérieurs du cerveau* sans lésion de la parole[1]. En 1865 il maintient

1. Bouillaud, *Bull. de l'Acad. de méd.*, 1865, p. 623.

son offre, et il lui suffit de voir un fait pareil à celui de M. Velpeau pour s'avouer vaincu. Je crois qu'il y a lieu de l'avouer déjà ; ce fait et plusieurs de ceux que nous rapportons ne permettent pas, croyons-nous, de douter que le langage articulé ne puisse être conservé malgré une « lésion profonde » de ces lobes, ce qui est, en effet, le renversement de la doctrine de M. Bouillaud, telle qu'elle ressort de ses discours.

Le malade de M. Velpeau avait conservé la faculté de parler, et il portait une tumeur qui avait détruit la partie antérieure des lobes frontaux ; la description de la tumeur est trop précise pour qu'on puisse accepter que tout le lobe droit fût détruit ainsi que la plus grande partie du lobe gauche, ce qui est écrit pourtant dans l'observation. La tumeur a la forme d'un œuf, elle est bilobée, siége sur la ligne médiane à la partie la plus antérieure de la cavité crânienne. Elle offre un diamètre transversal de 8 1/2 centimètres, le diamètre antéro-postérieur est de 4 1/2. Si, de plus, on remarque que l'extrémité la plus grosse est développée aux dépens de l'hémisphère gauche, on arrive à conclure que les 2/3 environ du lobe gauche étaient sains, et que certainement le lobe droit n'était pas détruit tout entier. Ce fait n'atteint pas la doctrine de M. Broca, mais il eût dû montrer à M. Bouillaud que l'on pouvait limiter davantage qu'il ne l'a fait le siége du langage. Il avait raison ; c'est bien dans les lobes frontaux que siége la faculté du langage articulé, mais c'est à leur partie postérieure seulement, et la clinique nous paraît avoir montré qu'un seul de ces lobes suffit à cette fonction. En sorte que l'un des deux, et une notable portion de la partie antérieure de l'autre n'y concourent que peu ou point, et peuvent être lésés sans que cette fonction le soit.

OBSERVATION XI.

Publiée par M. *Guéniot. Gazette des Hôpitaux*, 1864, p. 62.

En voici le résumé :

Un homme de vingt-trois ans entre à l'hôpital le 30 décembre 1857; il meurt le 11 janvier.

Trois mois avant, après des douleurs dans la région gauche de la tête, il se produisit chez lui un écoulement de pus par l'oreille gauche ; cet écoulement continua ensuite mais moins abondant et plus séreux. Depuis huit jours les douleurs frontales sont devenues beaucoup plus vives. Le 7 janvier, le malade dont la céphalalgie s'est accrue les jours précédents est comme égaré, répond sans intelligence par : *Oui, monsieur*, à toutes les questions, même les plus diverses. Le visage est congestionné, et il existe de la fièvre. Le lendemain, après une émission sanguine derrière les oreilles, l'intelligence est un peu revenue et peut être fixée pour quelques minutes. Néanmoins quand on veut le faire parler il revient à sa douleur de tête sans répondre aux questions ou abandonnant une phrase commencée pour dire qu'il souffre de la tête, portant machinalement la main à la région frontale gauche. Il a une grande difficulté à s'exprimer et n'y parvient même qu'en prononçant des mots baroques et mal articulés, qu'on ne peut comprendre.

Le 10, le malade continue de faire entendre des sons inintelligibles que sa langue se refuse à articuler. Les mouvements de cet organe s'exécutent mal dans l'acte de la parole; de là une sorte de bégayement qui joint à l'oubli des mots rend les réponses presque impossibles. Dès qu'on le presse, il s'impatiente et dit : *Ah ! non d'un chien, je ne peux pas*. Ces mots et quelques autres, tels que *oui, monsieur*, sont très-bien articulés. Légère hémiplégie droite. A l'autopsie on trouve dans l'hémisphère gauche un foyer de la dimension d'une orange de moyen volume. Ce foyer contient un liquide sanieux, grumeleux, fétide ; il est situé dans le lobe sphénoïdal et s'étend dans le lobe occipital; il correspond à la jonction du rocher avec l'écaille du temporal. En avant, il est éloigné d'environ deux centimètres de la scissure de Sylvius. Il offre une perforation à la partie inférieure du lobe sphénoïdal. Autour de la poche de l'abcès le tissu cérébral est ramolli dans une étendue de deux à cinq millimètres; au delà il est parfaitement sain. Méninges épaissies au niveau du foyer. Le reste de l'encéphale est sain.

Pus dans le sinus frontal gauche. Excavations tuberculeuses du rocher, communiquant avec l'abcès cérébral.

Ce fait est loin d'avoir rapport à une aphasie pure; il semble se rattacher à ceux que l'on a désignés sous le nom d'aphasie par hébétude. Ce malade a de la fièvre et une céphalalgie violente, « il est comme égaré et répond sans intelligence. » L'abcès, gros comme une orange de moyen volume qui s'est développé en lui en arrière de la scissure de Sylvius, a produit un trouble très-notable des facultés les plus élevées; ce fait ne peut rien prouver contre la localisation de M. Broca. Peut-être aussi cet abcès si volumineux lésait la portion de l'arc de transmission du langage articulé, qui, si la doctrine de la localisation est vraie, relie forcément l'organe central au nerf moteur. Le trajet de ces fibres nerveuses étant encore à préciser, nous ne pouvons faire ici qu'une hypothèse. D'ailleurs, dans ce cas, les troubles intellectuels sont tels qu'ils suffisent à enlever la valeur de ce fait, sans qu'il soit besoin d'invoquer une hypothèse qui doit se vérifier dans plusieurs des cas de lésion des parties centrales avec lésion du langage.

OBSERVATION XII.

Publiée par M. le Dr *Avonde*. (Thèse, 1866.)

Voici le résumé de cette observation :

Il s'agit d'un homme de trente et un ans, le nommé Troude, qui se fracture le crâne en tombant à la renverse dans une syncope. Après une demi-heure il dit quelques paroles...., il s'écrie : *Coupez-moi le cou, je souffre trop*. La nuit se passe avec des alternatives de calme et d'agitation; le lendemain on l'apporte à l'hôpital de Rouen, dans le service de M. le docteur Flaubert. Aux questions qui lui sont posées il répond à peine, et reste immobile. Il nous donne son âge exactement et répond qu'il y voit. Avant notre arrivée, la religieuse de la salle lui avait demandé des détails sur la manière dont l'accident lui était arrivé; il lui avait répondu. Il ne présente aucune trace de paralysie ou de contracture. La journée fut calme, il parut sommeiller tout le jour. Dans la nuit il commença à prononcer quelques paroles incohérentes et à s'agiter; vers le matin il se mit à chanter une chose qui, au dire de ses voisins, pouvait se comprendre, puis il se mit à prononcer des mots sans suite. Le matin il répondait aux questions qui lui étaient faites; puis tout à coup, nous vîmes la face se congestionner, la respiration devenir anxieuse, entrecoupée, les mouvements du cœur désordonnés, le pouls insensible; après trois ou quatre grandes inspirations il devint immobile, il était mort.

A l'*autopsie* on trouve sous l'arachnoïde un épanchement de sang en nappe qui s'étend sur les deux hémisphères; l'épaisseur de cette couche est plus grande aux régions temporales et surtout dans la scissure de Sylvius.... la pie-mère est très-injectée. Fracture étendue de la base du crâne. — *Hémisphère gauche :* Destruction complète du lobe frontal jusqu'à la circonvolution frontale transverse; c'est un mélange de sang, de matière cérébrale formant une bouillie qui se laisse enlever avec la pulpe du doigt, le lobule orbitaire n'existe plus et les circonvolutions de l'insula de Reil sont effacées. La circonvolution marginale inférieure est aussi détruite à sa partie inférieure, où se trouvent deux foyers sanguins, l'un de la grosseur d'une noisette et l'autre d'un gros pois. En pratiquant une incision d'avant en arrière à la partie moyenne, la lésion s'étend en profondeur jusqu'au corps strié, qui n'a pas été atteint. *Hémisphère droit :* De ce côté les lésions sont un peu moins profondes. L'extrémité antérieure et inférieure du lobe frontal est aussi détruite, ramollie, infiltrée de sang. Les trois circonvolutions frontales sont atteintes, mais par ordre de décroissance de la première à la troisième, qui n'est détruite que dans sa moitié antérieure seulement; le lobe orbitaire n'existe plus qu'à l'état de bouillie sanglante; les circonvolutions de l'insula sont aplaties comme du côté opposé. La circonvolution marginale inférieure est ramollie dans sa moitié inférieure. Le corps strié est sain.

Cervelet. Contusion de l'hémisphère gauche.

Pas d'épanchement dans les ventricules. — Les autres parties n'ont pas présenté de lésions.

Le malade est intéressant; il faut chez lui, si on accepte la localisation de M. Broca, admettre qu'il se servait, pour parler, de son organe droit et non du gauche. Il eût été intéressant de savoir si cet homme était gaucher.

La lésion est nettement précisée. Chose remarquable, avec cette énorme lésion, on n'a pas noté d'hémiplégie.

OBSERVATION XIII.

Publiée par M. le Dr *Avonde.* (Thèse, 1866).

Voici le résumé de ce fait :

Un homme de quarante-trois ans, journalier, fut apporté le 6 octobre 1863 dans le service de M. Flaubert de Rouen.... La veille, au fond d'un puits, il avait reçu sur la tête un bloc de pierre détaché de la margelle.... Perte de connaissance qui existait encore à son entrée à l'hôpital.... Au sommet du crâne plaie contuse.... Ecchymoses palpébrales.... Assoupissement, impossibilité d'obtenir de réponse, mais un peu de délire et quelques paroles incohérentes : « Méfie-toi ! » s'écriait-il souvent. Pas de paralysie ni d'anesthésie d'un côté ni de l'autre des membres.

Le 9, l'assoupissement et le délire avaient diminué; le malade semblait reconnaître M. Flaubert, mais ne répondait aux questions que par un mouvement des paupières, était sourd et perdait involontairement ses urines et ses *feces.*

A partir du 11, hémiplégie complète à gauche avec strabisme; de l'agitation, des mouvements convulsifs. Néanmoins le 13, il avait pris un peu de connaissance, *se plaignait* de souffrir, et, malgré une surdité considérable, *pouvait répondre* aux questions. Mais bientôt de nouvelles convulsions et mort le 18.

L'*autopsie* montra une fêlure étendue de la voûte du crâne et plusieurs petites de la base....

Épanchement considérable de sang dans la cavité de l'arachnoïde sur les deux hémisphères. « La partie antérieure des deux lobes frontaux et des deux lobes sphénoïdaux, mais particulièrement à droite, était complétement réduite en une bouillie sanglante, noire, diffluente, aux environs de laquelle la substance cérébrale, ramollie, jaunâtre, offrait à la coupe un piqueté rouge abondant. Les autres parties de l'encéphale ne présentaient pas de lésions. »

Ce malade a eu un trouble passager du langage, mais après six jours il *pouvait répondre*. L'autopsie montre une lésion bien en rapport avec ces symptômes, et bien qu'il fût plus utile d'avoir des détails plus précis pour la détermination des circonvolutions lésées, il ressort de l'observation que c'est la partie antérieure des lobes frontaux qui est broyée; c'est donc un fait favorable à la localisation de la parole à la partie postérieure de ces lobes.

OBSERVATION XIV.

Publiée par M. le Dʳ *Auburtin. Gaz. hebd.*, 1863, p. 351.

On apporta un jour à l'hôpital Saint-Louis un homme qui, pour se suicider, venait de se tirer un coup de pistolet à bout portant sur le front. L'os frontal était complétement enlevé. Les lobes antérieurs du cerveau étaient à nu, mais n'étaient pas entamés. L'intelligence était intacte, ainsi que la parole. Ce malheureux survécut pendant plusieurs heures, et l'on fit sur lui l'expérience suivante. Pendant qu'on le faisait parler, on appliquait sur les lobes antérieurs le plat d'une large spatule, on comprimait légèrement, et la parole était tout à coup suspendue, le mot commencé était coupé en deux. La parole reparaissait dès que l'on cessait la compression. Chez ce blessé, la compression faite avec beaucoup de prudence, ne portait aucune atteinte aux fonctions générales de l'encéphale; limitée aux lobes antérieurs, la seule faculté abolie était celle du langage.

Ce fait est des plus intéressants; mais il ne saurait prouver la localisation de la parole dans les lobes frontaux; la compression exercée sur la partie antérieure dénudée se transmettait nécessairement aux parties postérieures.

OBSERVATION XV.

Publiée par M. *Berger. Union médicale*, 22 juin 1865.

Il y a huit ans environ, au début de grands travaux entrepris par notre ami, M. Peltercau-Placide, dans sa belle fabrique de cuirs, à Château-Renault, un jeune charpentier âgé de vingt-deux ans, grand, fort, bien constitué, né de parents sains, s'élançait sur un treuil en mouvement, et qui, au moyen d'une chèvre colossale, élevait avec peine une énorme pièce de bois.

Le corps penché sur le levier, il veut augmenter de son poids l'effort insuffisant de ses muscles, quand tout à coup le levier s'échappe de ses mains, le frappe au front et le renverse sans connaissance.

Transporté par ses camarades dans une chambre de l'usine où je le visitai presque immédiatement, il avait déjà recouvré l'usage de ses sens, et il put répondre de la manière la plus naturelle et la plus nette, quoique un peu lentement, aux questions que je lui adressai; son moral était excellent, et il ne paraissait nullement inquiet sur sa situation; cependant voici ce que j'ai constaté après l'avoir examiné avec attention :

Le coup avait porté en plein front, un peu de haut en bas; la région frontale était comme aplatie; une plaie énorme la sillonnait, à travers laquelle on voyait les os brisés, les membranes déchirées, les lobes antérieurs du cerveau, dont une partie avait jailli, en bouillie; les sinus frontaux étaient détruits, et le blessé retirait lui-même, d'instinct, avec ses doigts, des fragments notables de substance cérébrale par les deux narines qui en étaient obstruées.

Pendant plusieurs jours, je m'occupai de ce malade presque exclusivement : à chaque pansement, la pulpe nerveuse coulait par la plaie du front et par le nez; chose étonnante, il fut six jours sans éprouver d'accidents sérieux; les fonctions s'exécutaient à merveille, il buvait, dormait, parlait, rendait compte de ses sensations et s'occupait de sa famille; pas de paralysie.

Ce ne fut que dans la nuit du sixième au septième jour qu'il eut un peu de fièvre et du subdélirium : il rêvassa, parla beaucoup; on fut obligé de lui imposer silence plusieurs fois. Le lendemain, la fièvre avait disparu, et, avec elle, le subdélirium, mais le soir, elle reprit plus forte; le délire augmenta; il y eut de la jactitation. Ces symptômes redoutables s'aggravèrent de plus en plus, malgré le traitement antiphlogistique et dérivatif le plus énergique et le plus varié, employé dès le début; la fièvre, le délire, la jactitation devinrent presque continus; enfin, la carphologie survint, et le malade mourut le quatorzième jour de son accident, sans avoir cessé de parler ou de murmurer des mots plus ou moins intelligibles, ainsi qu'on le voit dans tous les accidents cérébraux graves, suite habituelle de commotions cérébrales profondes et des fractures de la base du crâne.

Voilà encore un fait de lésion notable des deux lobes frontaux à leur partie antérieure, et cependant, pendant plusieurs jours, la parole n'en est pas moins conservée; le malade répond « de la manière la plus naturelle et la plus nette; » il y a seulement un peu de lenteur dans ses réponses. Ce fait est contraire à la doctrine de M. Bouillaud, et il se joint au nombre assez grand déjà de ceux qui ont été publiés, et qui l'infirment au point de vue de sa trop grande compréhension.

OBSERVATION XVI.

Publiée par M. *Broca. Bull. de la soc. anat.*, 1861, p. 343.

En voici le résumé publié par la *Gazette des Hôpitaux* :

Un homme de cinquante et un ans est transporté à l'infirmerie de Bicêtre, service de M. Broca, pour un phlegmon diffus gangréneux de tout le membre inférieur droit. Les renseignements recueillis sur les antécédents de cet homme apprirent qu'il était sujet depuis sa jeunesse à des attaques d'épilepsie. A l'âge de trente ans, il avait perdu l'usage de la parole ; c'est pour ce motif qu'il avait été admis à Bicêtre. Il était alors parfaitement valide et intelligent d'ailleurs, et ne différait d'un homme sain que par la perte de la faculté du langage articulé.

Il comprenait tout ce qu'on lui disait, mais quelle que fût la question qu'on lui adressât, il répondait toujours par le mot *tan* (ce qui l'avait fait désigner sous ce sobriquet), en y joignant une mimique très-variée, au moyen de laquelle il réussissait à exprimer la plupart de ses idées.

Il y avait dix ans qu'il avait perdu la parole, lorsqu'un nouveau symptôme se manifesta : les muscles du bras droit s'affaiblirent graduellement et finirent par être entièrement paralysés. La paralysie gagna peu à peu le membre inférieur droit. Enfin, sa vue, à son tour, s'était notablement affaiblie. M. Broca constata que la sensibilité générale était partout conservée, mais à un inégal degré. La moitié droite du corps était moins sensible que l'autre. L'émission des urines et des matières fécales était naturelle, mais il y avait une légère difficulté de déglutition due à la paralysie commençante du pharynx. La langue était parfaitement libre, nullement déviée; ses deux moitiés étaient d'une égale épaisseur. Les muscles du larynx ne paraissaient nullement altérés, le timbre de la voix était naturel.

Le malade mourut au bout de quelques jours. Voici ce que montra l'autopsie : nous passons un grand nombre de détails pour n'indiquer que les lésions principales. On constate d'abord une destruction d'une portion notable de l'hémisphère gauche. Les organes détruits sont les suivants : la petite circonvolution marginale inférieure (lobe temporo-sphénoïdal); les petites circonvolutions du lobe de l'insula et la partie subjacente du corps strié; enfin, sur le lobe frontal, la partie inférieure de la circonvolution transversale, et la moitié postérieure des deux grandes circonvolutions désignées sous les noms de seconde et de troisième circonvolution frontale. Des quatre circonvolutions qui forment l'étage supérieur du lobe frontal, une seule, la première et la plus interne, a conservé non son intégrité, car elle est ramollie et atrophiée, mais sa continuité; et, si l'on rétablit par la pensée toutes les parties qui ont disparu, on trouve que les trois quarts au moins de la cavité ont été creusés aux dépens du lobe frontal. L'examen de la cavité laissée par la perte de substance montre tout d'abord que le centre du foyer correspond au lobe frontal. Les parties voisines de ce foyer sont ramollies inégalement et dans une étendue très-variable.

Ce fut ce fait qui opéra la conversion de M. Broca et devint le point de départ de ses infatigables recherches et de ses savants travaux. Analysant ce fait avec son admirable sagacité scientifique, il pensa que la lésion avait débuté par la partie postérieure des deuxième et troisième circonvolutions frontales, et comme la perte de la parole était survenue dix ans avant l'hémiplégie, il pensa que le centre de la lésion était le siége de la faculté du langage et que la paralysie n'était survenue que par l'extension de la lésion au corps strié.

OBSERVATION XVII.

Publiée par M. *Broca. Bull. de la soc. anat.*, 1861, p. 399.

En voici un résumé dont la plus grande partie est extraite de la *Gazette des Hôpitaux* :

Un homme âgé de quarante-quatre ans, admis à Bicêtre huit ans auparavant pour cause de débilité sénile, fut apporté à l'infirmerie, service de chirurgie, pour y être traité d'une fracture du col du fémur gauche. Cet homme n'avait, lors de son entrée à l'hospice, aucune paralysie ; il avait conservé tous ses sens et toute son intelligence. Au mois d'avril 1860, en descendant un escalier, il s'affaissa tout à coup sur lui-même. Il fut sur pied en peu de jours ; mais à dater de ce moment il avait perdu subitement et définitivement la faculté de parler ; il ne prononçait plus que certains mots, articulés avec difficulté. Son intelligence n'avait subi d'ailleurs aucune atteinte appréciable ; il comprenait tout ce qu'on lui disait, et son court vocabulaire, accompagné d'une mimique expressive, lui permettait à son tour de se faire comprendre.

Voici dans quel état il était lors de son entrée dans le service de M. Broca, pour la fracture dont nous n'avons pas à nous occuper ici (entrée le 27 octobre 1861).

La langue était mobile, nullement déviée, d'une épaisseur égale des deux côtés. La déglutition se faisait bien ; la vue et l'ouïe étaient conservées ;

les membres obéissaient à la volonté ; l'émission des urines et des matières fécales était régulière ; enfin la sensibilité générale persistait sans altération.

Aux questions qu'on lui adressait, cet homme ne répondait que par des signes, accompagnés d'une ou deux syllabes articulées brusquement avec un certain effort : *oui*, *non*, *tois* (pour *trois*), *toujours*, *Lelo* (pour *Lelong*, son nom).

Les trois premiers mots de son vocabulaire correspondaient chacun à une idée déterminée. Pour affirmer ou approuver il disait *oui*. Pour exprimer l'idée opposée il disait *non*. Le mot *trois* exprimait tous les nombres, toutes les idées numériques. Enfin toutes les fois qu'aucun des trois mots précédents n'était applicable, Lelong se servait du mot *toujours*, qui par conséquent n'avait aucun sens déterminé.

Il comprenait tout ce qu'on lui disait, il appliquait avec discernement les quatre mots de son vocabulaire, il connaissait la numération écrite et au moyen des doigts rectifiait le mot *trois*. Il avait des gestes très-expressifs. Il n'avait perdu ni la faculté générale du langage ni la motilité volontaire des muscles de la phonation et de l'articulation.

Le malade s'affaiblissant rapidement, mourut le 8 novembre, douze jours après sa chute. Voici le résultat de l'*autopsie* :

L'hémisphère droit est parfaitement sain dans toutes ses parties, ainsi que le cervelet, le bulbe et la protubérance. Il n'y a de lésions appréciables que sur l'hémisphère gauche qui pèse 32 grammes de moins que le droit.

Une lésion superficielle occupe le lobe frontal gauche immédiatement au-dessus de l'extrémité antérieure de la scissure de Sylvius. A ce niveau, la surface de l'hémisphère est sensiblement affaissée, et la pie-mère, déprimée, laisse apercevoir par transparence une collection de sérosité qui occupe en surface une étendue à peu près égale à celle d'une pièce de 1 franc. Une collection de sérosité, située sous la pie-mère dans le point indiqué, occupait une cavité creusée dans la substance des circonvolutions. A ce niveau, la troisième circonvolution frontale qui longe le bord supérieur de la scissure de Sylvius est complétement coupée en travers, et a subi dans toute son épaisseur une perte de substance dont l'étendue paraît être d'environ 15 millimètres. Cette cavité était donc continue en dehors avec la scissure de Sylvius, au niveau du lobe de l'insula. En dedans, elle empié-

tait sur la seconde circonvolution frontale, qui était très-profondément
échancrée, mais dont la couche la plus interne était respectée dans une
épaisseur de 2 millimètres. C'est cette mince languette qui maintenait seule
la continuité de la seconde ciconvolution frontale. La première était parfaitement saine; la circonvolution frontale transversale ou postérieure, qui
limite en avant le sillon de Rolando, était saine également; enfin les deux
circonvolutions malades présentaient une intégrité complète dans leurs
deux tiers antérieurs.

Sur les parois du foyer on aperçoit quelques petites taches d'un jaune
orangé contenant des cristaux d'hématine; c'est un *ancien foyer hémorra-
gique*. Le malade avait perdu la parole subitement dans une attaque d'apoplexie, dix-huit mois avant sa mort.

Chez ce malade la lésion était moins étendue et elle se trouvait
être précisément là où M. Broca, après l'examen de son premier
malade, avait localisé l'aphémie. Rétrécissant ainsi le cercle locali-
sateur, il dit que le tiers postérieur des deuxième et troisième
circonvolutions frontales contient l'organe du langage articulé.
Bientôt il devait le restreindre au tiers, puis à la moitié de la troisième circonvolution.

OBSERVATION XVIII.

Due à M. *Broca*, publiée par M. le Dr Mongie. (Thèse, 1866.)

Le nommé B...., âgé de quarante-trois ans, se tire deux coups de pistolet dans la région temporale droite, vers trois heures du matin. Il perd
connaissance après le deuxième coup; mais, revenu à lui, il a pu marcher
jusqu'à son domicile, appuyé sur le bras du sergent de ville; il a parlé à sa
femme et lui a dit « qu'il n'avait pu réussir à se tuer. »
A neuf heures du matin, on constate deux plaies; l'une, produite par le
premier coup de pistolet, située dans la partie supérieure de la concavité
de la conque, en haut et en arrière du conduit auditif; l'autre, produite
par le deuxième coup, située sur la limite des régions temporale et fronto-

pariétale, à 5 centimètres en arrière et en haut de l'apophyse orbitaire externe. — Il ne s'est écoulé qu'une quantité de sang insignifiante. — Les deux balles ont été extraites. — Le malade se plaint de quelques fourmillements dans le bras gauche, qui est très-affaibli; il ne peut tenir aucun objet avec la main gauche; il n'y a pas de délire; le malade *parle parfaitement et répond à toutes les questions.*

Le 29, le malade avait de l'hémiplégie faciale à gauche qui diminue ainsi que la faiblesse du bras gauche. Le 29 au soir, il survient du délire, de l'agitation, des hallucinations.

Le 30, l'œil gauche a recouvré la vue; la paralysie a disparu; le malade demande instamment à manger et à fumer; le soir, il y a de l'agitation.

Le 31, le 1er, le 2, il y a du délire avec des intervalles de collapsus et de repos; le malade continue à parler sans difficulté ni hésitation; — les jours suivants le délire augmente et le malade meurt le 5.

Nécropsie. — Je ne décrirai que les lésions de l'encéphale.

La dure-mère étant incisée, on trouve : 1° une petite quantité de sang coagulé sur le feuillet pariétal de l'arachnoïde, au niveau de la scissure de Sylvius et dans la fosse temporo-sphénoïdale.

2° Une contusion de la substance cérébrale réduite en bouillie noirâtre, intimement mélangée de sang et de pus, comprenant l'extrémité inférieure de la circonvolution frontale transverse, et environ un cinquième postérieur de la troisième circonvolution frontale droite.

3° Une méningite intense, occupant toute la convexité de l'hémisphère droit, caractérisée par une injection considérable avec exsudation plastique et séro-purulente dans les mailles du tissu cellulaire sous-arachnoïdien.

4° Un léger degré de congestion dans la partie postérieure de l'hémisphère.

La couche optique, le corps strié, toutes les parties centrales de l'hémisphère droit sont saines. — Rien dans l'hémisphère gauche, ni dans le reste de l'encéphale.

Ainsi, parole parfaitement conservée, et cependant destruction étendue de la partie moyenne de la circonvolution d'enceinte d'une portion de la troisième frontale, mais la lésion siége à droite.

OBSERVATION XIX.

Due à M. *Broca*, publiée par M. le Dr Mongie. (Thèse, 1866.)

Pas d'aphasie. — Deux foyers hémorragiques anciens et peu étendus sur la deuxième circonvolution frontale gauche.

Le nommé Gogot, dit Chevalier, âgé de quatre-vingt-un ans, entre à l'hospice de Bicêtre, le 27 avril 1862, salle Saint-Victor, n° 20, dans le service de M. Broca, où il était déjà entré plusieurs fois.

Cet homme était atteint d'une cystite chronique avec urémie.

Il n'était nullement aphasique, *parlait très-bien*, avait conservé toute son intelligence et n'était pas paralysé; il n'avait jamais eu d'autre maladie que sa cystite.

Il mourut très-rapidement le 1er mai 1862.

Nécropsie. — L'encéphale pèse 1272 grammes; — l'hémisphère gauche, avec ses membranes, 532 grammes; — le droit, 544 grammes. Il y a un peu d'inconsistance cérébrale qui ne permet pas d'enlever les membranes sans détériorer un peu le cerveau. — On trouve deux petites pertes de substance superficielles sur l'hémisphère gauche : l'une, sur la partie antérieure de la deuxième circonvolution frontale gauche; l'autre, sur la partie antérieure du pli marginal inférieur.

Ce malade parlait donc très-bien quoiqu'il eût une lésion de la partie antérieure de la deuxième circonvolution frontale et une autre lésion sur la partie antérieure du pli marginal inférieur, et cela du côté gauche; ces lésions étaient peu étendues, mais ce fait négatif ne fait que confirmer la localisation de M. Broca. Nous regrettons que la lésion du pli marginal inférieur ne soit pas décrite d'une façon plus complète quant à son étendue et quant à son siége précis sur la longueur du pli marginal inférieur, pli qui était totalement détruit dans le cas devenu important de M. Charcot, où la troisième circonvolution frontale était saine dans les deux hémisphères.

OBSERVATION XX.

Publiée par M. *Broca*, *Bull. de la soc. anat.*, 1863, p. 169.

Deneuilly, Louis, mort à Bicêtre, à l'âge de soixante-quatorze ans, le 12 octobre 1862. Cet homme succomba après un délire chronique. Il marmottait, mais parlait sans difficulté, et l'on n'avait observé chez lui aucun des traits de l'aphémie. Il avait eu, disait-on, des attaques d'épilepsie, mais on ne lui en avait jamais vu à l'hôpital. Les lésions portaient sur les deux hémisphères. A l'hémisphère droit, on trouvait de l'atrophie avec amincissement considérable, mais sans interruption de l'extrémité postérieure de la troisième circonvolution temporale se prolongeant le long du pli de passage jusque dans le lobe occipital. En outre, tous les plis qui unissaient la circonvolution pariétale transverse au lobe pariétal et au lobe temporal étaient détruits, à l'exception du pli supérieur et médian interne. Par suite de cette altération la scissure de Sylvius se prolongeait jusqu'à ce dernier pli. Enfin, il existait une perte de substance avec atrophie de presque toute l'épaisseur de la seconde circonvolution frontale à sa partie moyenne. La continuité de cette circonvolution eût été interrompue sans un petit pont membraneux qui passait d'un segment à l'autre. A l'hémisphère gauche, la circonvolution pariétale transverse était atrophiée et très-amincie dans son tiers moyen. La troisième circonvolution frontale était perforée, coupée en travers par une perte de substance en forme d'ulcération à pic, large d'un centimètre. Quant à la *troisième circonvolution frontale*, elle flottait en quelque sorte; son point d'insertion sur la circonvolution frontale transverse était coupé, mais elle était intacte et saine; il faut remarquer d'ailleurs qu'il n'y avait *pas d'aphémie*.

Voilà un homme qui avait des lésions étendues de circonvolutions frontales et pariétales au voisinage du sillon de Rolando sur les deux hémisphères, et qui n'avait pourtant pas d'aphémie, mais « la troisième circonvolution frontale était intacte et saine » quoique son point d'insertion sur la circonvolution frontale transverse fût coupé. Remarquons pourtant qu'il est dit que « la troisième circonvolution frontale était perforée, coupée en travers par une perte de substance large d'un centimètre. » Il y a évidemment ici obscurité et contradiction au moins apparente. Quoi qu'il en soit, il est certain que « le point d'insertion de la troisième frontale sur la frontale traverse était coupé, » et cela explique peut-être le marmottement de Deneuilly qui, sans avoir les traits de l'aphasie, avait ce léger trouble de l'articulation.

OBSERVATION XXI.

Publiée par M. *Peter*, dans le *Bull. de la soc. anat.*, 1864, p. 256.

M. Peter présente un ramollissement du cerveau qui avait amené une hémiplégie avec aphasie.

Le malade, qui était âgé de soixante-six ans, avait déjà eu au mois de janvier une aphasie transitoire, lorsque, au mois de mai dernier, il éprouva de nouveau de l'embarras de la parole, puis deux jours après il tombe comme frappé d'apoplexie, et on le releva paralysé de tout le côté droit. La parole était perdue. Quoique l'intelligence fût conservée, le malade qui exprimait sa pensée par le geste et le regard, ne pouvait plus dire que *oui*.

A l'*autopsie* on a trouvé les lésions suivantes :

Dans le cerveau. Ramollissement assez étendu du lobe pariétal de l'hémisphère gauche.

Apoplexie capillaire siégeant dans la troisième circonvolution du lobe frontal gauche.

Deux lésions correspondant parfaitement aux deux troubles fonctionnels.

Toute courte qu'elle est, cette observation peut assez facilement s'interpréter ainsi : aphasie transitoire due probablement à quelque congestion de la troisième circonvolution qui devait être bientôt le siège d'une apoplexie capillaire, hémiplégie due au ramollissement, aphasie par apoplexie capillaire de la troisième gauche.

OBSERVATION XXII.

Publiée dans le *Bull. de l'Acad.*, 1865, p. 739. Elle est de M. *Charcot.*

En voici le résumé :

Femme de cinquante-deux ans. Elle comprend ce qu'on lui dit, mais ne répond que par un grognement inintelligible ; elle remue les lèvres, comme si elle voulait parler ; elle reconnaît ses parents à leurs voix ; lorsqu'elle veut dire *oui*, un léger signe de tête accompagne un grognement ; lorsqu'on lui dit de tirer la langue, elle le fait sans difficulté ; hémiplégie droite. Destruction de la troisième circonvolution frontale dans presque toute sa longueur, et de la partie la plus inférieure de la circonvolution frontale postérieure. La partie la plus inférieure de la circonvolution transverse du lobe pariétal gauche est également détruite, ainsi que la plus grande partie de la circonvolution marginale inférieure du lobe temporo-sphénoïdale,....

Ainsi voilà un malade chez qui toute la circonvolution d'enceinte de la scissure de Sylvius du côté gauche est détruite ; aussi elle est complétement aphasique quoique son intelligence paraisse assez conservée pour pouvoir parler.

OBSERVATION XXIII.

Publiée dans le *Bull. de la soc. de chirurg.*, 1864, p. 59, par M. Ange *Duval.*

En voici le résumé :

Le 26 mai 1848, Marius ...., âgé de cinq ans et quatre mois, est tombé par une fenêtre d'une hauteur de 3 mètres. Le front a porté sur une pierre anguleuse. Plaie verticale du front longue de 8 centimètres, à gauche, à 2 centimètres de la ligne médiane. A travers la plaie on constate une fracture longitudinale du frontal dans une étendue de 6 centimètres, avec léger enfoncement du fragment externe. Après quelques jours, le coma et les premiers accidents disparaissent. L'intelligence paraît nette, mais il est impossible d'obtenir une réponse quelconque ou même un son articulé.

Vingt-cinq jours après la plaie est cicatrisée, mais Marius garde le même mutisme ; cependant il écoute ce qu'on lui dit et obéit presque toujours aux ordres qu'on lui donne.

J'ai vu cet enfant bien des fois en 1848, pendant les mois de juillet et d'août ; il m'a paru des plus intelligents, et cependant il m'a toujours été impossible d'en tirer un seul mot. Or tous les habitants de son village ont déclaré qu'auparavant il était remarquable par une loquacité vraiment méridionale.

Le 14 juin 1849, on le trouva noyé à quelques mètres du rivage de la mer dans une excavation où il avait glissé....

A l'*autopsie* nous trouvons :

1° Des traces évidentes d'une fracture du frontal ; elle siége environ à 2 centimètres à gauche de la suture frontale médiane, elle mesure 4 centimètres ; la table interne du fragment externe fait une saillie assez sensible en dedans.

2° Au-dessous et en arrière de cette fracture existe un kyste du volume d'une noix, presque sphérique, recouvert par la pie-mère, l'arachnoïde et la dure-mère, qui adhère solidement à la fracture. Ce kyste, suite certaine d'une ancienne contusion du lobe frontal gauche, renferme un liquide séreux, un peu trouble, dont la quantité est évaluée à 15 grammes ; une membrane fine, blanchâtre, résistante, l'isole du tissu cérébral profondément déprimé. Il occupe la moitié externe de la face convexe du lobe frontal gauche, dans une étendue de 33 millimètres en tous sens.

La situation de ce kyste n'est pas autrement indiquée sur l'observation rédigée par M. Mittre en 1849. Mais j'ai gardé un souvenir précis de ce fait, que j'ai mis par écrit en 1850 dans les notes qui servaient à mes leçons, et je puis dire sans crainte de me tromper, que le kyste était logé, sinon en totalité du moins en grande partie, dans la troisième circonvolution frontale gauche. C'est ce qui découle d'ailleurs de la description. La moitié *interne* du lobe frontal était saine. Le kyste était entièrement contenu dans la moitié *externe* de ce lobe, et il est clair que, chez un enfant on ne peut loger dans cette partie du cerveau un kyste de 33 millimètres de diamètre sans intéresser profondément la troisième circonvolution, qui forme à elle seule au moins les deux cinquièmes externes du lobe frontal.

Ce nouveau fait traumatique, suivi de mutisme qui n'empêchait pas le malade d'avoir son intelligence nette, est un beau cas d'aphasie pure, non compliquée d'hémiplégie. Il résulte bien positivement de la description du kyste, qu'il devait léser la troisième frontale. Les deux faits qui précèdent se trouvent ainsi fournir un appoint important à la doctrine nouvelle.

OBSERVATION XXIV.

Publiée dans le *Bull. de la soc. de chirurg.*, p. 55, par M. Ange *Duval.*

En voici le résumé :

Querniar, trente-quatre ans, fusilier dans l'infanterie de marine, a fait le 4 janvier une chute ; la tête a porté à sa partie postérieure sur l'angle d'un trottoir. Porté à l'hôpital de Brest, il paraît plongé dans le coma ; il ne répond à aucune question. Pas de paralysie, le malade a pu sortir du lit et marcher. Deux jours après, l'œil est ouvert, intelligent ; le malade ne répond à aucune des questions, mais l'audition est parfaite ; il remue le membre indiqué lorsqu'on le lui demande, tire la langue, etc. Il ne peut proférer même une de ces plaintes si fréquentes chez tous les malades, les simples monosyllabes : *Oh ! oh !*

Tous les essais ont démontré pendant tout le cours de la maladie que la parole est complétement abolie et que les facultés mentales fonctionnent d'une manière normale. La déglutition est facile. Le 8, contracture très-prononcée des fléchisseurs du bras droit, moindre à gauche. Quelques mouvements convulsifs dans les muscles releveurs de la lèvre supérieure, surtout à droite.

Le 10 la contracture a diminué dans les membres supérieurs ; elle a cessé même à gauche. La sensibilité et la motilité sont normales dans tout le côté gauche du corps. A droite, les divers moyens d'excitation employés ne produisent des signes d'impatience que lorsqu'ils sont portés à un assez haut degré.

L'intelligence est très-nette; la mimique du blessé indique bien les réponses qu'il voudrait pouvoir faire; il ne souffre plus que de la partie postérieure droite de la tête; l'œil, intelligent, suit les mouvements du médecin et des assistants; l'ouïe recueille tous les bruits; le goût est évidemment conservé, car le malade sait refuser telle ou telle potion ou tisane, et exprimer le désir de prendre du bouillon; le toucher est parfaitement conservé dans la main gauche au moins, puisque, si l'infirmier est absent, le blessé discerne dans l'obscurité la pinte, le vase dont il a besoin.

Du 11 au 13 rien de nouveau.

Dans la nuit du 14 au 13, l'état s'aggrave. La peau est plus chaude et couverte de sueur; le pouls est petit (à 100); deux évacuations involontaires d'urine ont lieu, et des selles ont eu lieu pendant la nuit sans que le malade ait paru s'en apercevoir; les pupilles sont dilatées et très-peu contractiles; l'audition est moins nette, l'intelligence diminue; l'aphémie est toujours complète; absence de plaintes, mais le blessé exprime sa douleur par des mouvements et des regards que tout le monde comprend.

Le 14, vers neuf heures du soir, le pouls est filiforme et au moins à 130. La peau est couverte d'une sueur gluante, les pieds sont froids.

L'agonie commence le 15, vers minuit, et la mort termine ces jours de souffrance, qui resteront toujours inconnus pour nous, car le malade ne sachant pas écrire, n'a pu transcrire ses impressions.

Autopsie. — Nous ne transcrivons pas la description des deux fractures du crâne ;

1.º Une fracture des fosses occipitales supérieure et inférieure droites se terminant au trou occipital ;

2.º Une fracture indépendante de cette dernière, coupant le rocher droit perpendiculairement à son axe.

L'une a coupé l'aqueduc de Fallope ; « le nerf facial paraît intact dans son canal rompu. » Pas d'épanchement ni sur la dure-mère ni au-dessous d'elle. Méninges parfaitement saines.

Encéphale. — Le cerveau présente à la partie antérieure du lobe frontal gauche, sur sa face convexe, un foyer sanguin avec destruction de la pulpe cérébrale.

Ce foyer, dont toutes les dimensions ont été mesurées à l'aide d'un ruban métrique, occupe environ les deux tiers externes de la face convexe du lobe frontal ; il a 45 millimètres de largeur transversale et plus de 60 millimètres d'avant en arrière ; il paraît s'arrêter à peu de distance de la circonvolution transverse qui borde en avant le sillon de Rolando.

Il est séparé par un intervalle sain de 2 centimètres de la grande scissure du cerveau. Son siége est évidemment la troisième circonvolution frontale et un peu des replis de la deuxième ; mais la plus grande partie de cette dernière et la première circonvolution sont intactes.

Ce foyer, rempli d'une sorte de bouillie cérébrale mélangée de sang en petits caillots ou semi-fluide, n'est pas nettement limité, car une altération moins forte du tissu cérébral se montre en divers points, presque nulle en dehors et en dedans des 45 millimètres indiqués ; elle se prolonge davantage en arrière.

En effet, les parties atteintes présentent : 1° un ramollissement d'autant plus prononcé qu'on les examine plus près du foyer ; 2° une teinte d'abord d'un jaune très-foncé, qui se fond d'une manière insensible et qui arrive par des dégradations successives jusqu'au point où l'examen minutieux démontre l'intégrité de la substance cérébrale.

Nous ne pouvons estimer l'étendue totale de l'altération de la troisième circonvolution à moins de 9 centimètres, y compris une partie de la circonvolution frontale transverse ou postérieure.

Une section perpendiculaire divise le lobe en deux points et permet de reconnaître que ces mêmes lésions atteignent la scissure de Sylvius et une des petites circonvolutions de l'insula de Reil.

La circonvolution la plus externe de la face orbitaire est également altérée, mais dans une étendue moindre.

Enfin, à l'extrémité antérieure du lobe frontal droit, dans l'épaisseur de la première circonvolution frontale, se trouve un petit foyer analogue au premier. Il n'a guère que 7 millimètres en tout sens ; les tissus environnants ne présentent qu'un ramollissement très-léger et d'une teinte jaunâtre. En définitive, la première circonvolution frontale est seule altérée dans le lobe droit, et elle l'est dans une étendue très-minime.

Toutes les autres parties de l'encéphale ont été examinées avec un soin scrupuleux. Aucune altération. L'examen minutieux n'a pu même y rencontrer la moindre injection. Le tissu, loin d'être ramolli, est peut-être un peu plus ferme qu'à l'ordinaire, et il n'y a qu'une petite quantité de sérosité liquide dans les ventricules latéraux.

Cette excellente observation est des plus complètes, elle est fort intéressante. L'intelligence est très-nette et le malade manifeste ses réponses par la mimique qui est expressive; il manifeste également ses désirs et montre positivement que son intelligence est suffisante. Il a perdu la parole complétement, et l'autopsie révèle une lésion étendue de la troisième frontale, jusqu'à sa partie la plus reculée, ainsi que de plusieurs parties voisines.

OBSERVATION XXV.

Publiée par M. le Dr Perroud. Journal de méd. de Lyon, 1864.

Marie Vautrel, ménagère à Lyon, née en Savoie, âgée de soixante et un ans, entre le 3 janvier 1862 dans la salle Saint-Charles, n° 32.

Cette malade est apportée à l'Hôtel-Dieu dans le coma; la veille, elle a été frappée d'une attaque d'apoplexie. C'est le seul renseignement que nous pouvons obtenir.

Sous l'influence de dérivatifs sur les membres inférieurs et sur le tube digestif, l'intelligence revient, ainsi que les mouvements et la sensibilité, et la parole est toujours impossible.

Cet état persiste sans grande amélioration; car au mois de novembre, alors que nous avions l'honneur de remplacer M. Rambaud dans la direction du service, nous avons trouvé la malade dans l'état suivant :

La face est pâle et légèrement déviée à gauche; les mouvements et la sensibilité sont actuellement encore entièrement perdus dans le côté droit, de sorte que Marie Vautrel ne peut quitter le lit.

Les organes des sens sont sains, les fonctions organiques sont paresseuses; les urines et les fèces se perdent de temps à autre.

L'intelligence paraît un peu diminuée, toutefois cette paresse intellectuelle n'est que légère; la malade comprend ce qu'on lui dit, elle cherche à exprimer ses idées, mais les moyens d'expression sont chez elle très-défectueux; *la parole est impossible*. Notre malheureuse femme ne peut prononcer que ces deux syllabes : *mami*, qu'elle répète aussitôt qu'elle veut parler. Quelquefois nous lui avons entendu dire *non*, mais elle ne prononce ce mot qu'avec beaucoup de peine, et elle n'y parvient pas toujours. Les mouvements des lèvres et ceux de la langue sont peut-être moins précis que normalement, à cause de la légère hémiplégie faciale, qui persiste encore actuellement. Il est évident néanmoins, que ce n'est pas à ce défaut de précision des organes phonateurs que l'on doit rapporter l'aphémie de notre malade, puisqu'elle prononce très-correctement ces deux syllabes *mami*, et qu'il lui est impossible de prononcer un autre mot même sans netteté.

Le langage mimique manque de précision; souvent Marie Vautrel fait un geste pour un autre : par exemple, très-souvent elle fait avec la tête le geste oui pour le geste non. De même elle compte très-difficilement avec ses doigts : elle lève, par exemple, deux doigts pour exprimer le nombre quatre, ou cinq pour exprimer le nombre trois; et cependant les mouvements de la main gauche (dont elle peut seule se servir) sont faciles et précis, et il est facile de voir au jeu de sa physionomie qu'elle a compris ce qu'on lui demandait, et que ses gestes sont en désaccord avec l'idée qu'elle cherche à exprimer.

Le 15 décembre Marie Vautrel succombe à une pneumonie hypostatique.

Autopsie : Vingt-huit heures après la mort, par un temps froid, rigidité légère, pas de traces de putréfaction.

Les tissus épicrâniens, les os du crâne et les méninges ne présentent aucune altération.

Vu par sa face supérieure, l'encéphale paraît complétement sain; mais lorsqu'on le retourne recouvert des méninges, pour en étudier la face inférieure, on constate, au niveau de la scissure de Sylvius, *du côté gauche*, une dépression anormale présentant une fluctuation évidente, comme si en ce point une collection de liquide s'était formée au-dessous des méninges; et, en effet, lorsqu'on enleva ces membranes, il sortit du point fluctuant un liquide gélatineux, d'un blanc jaunâtre, dont on facilita l'écoulement en soumettant la préparation à un courant d'eau très-léger afin de ne pas entraîner les parties environnantes plus ou moins ramollies de la masse encéphalique. On mit à découvert de cette façon une cavité assez étendue, bornée en bas par la seconde circonvolution temporale, en haut par le bord supérieur de la troisième circonvolution frontale, en dedans par le corps strié très-altéré. Cette cavité était donc creusée aux dépens de certaines parties du cerveau qui avaient complétement disparu, et ces parties détruites étaient : 1° la première circonvolution temporale ou circonvolution *marginale inférieure tout entière; 2° la moitié inférieure de la portion antérieure ou adhérente de la troisième circonvolution frontale ainsi que la circonvolution orbitaire voisine; 3° la portion postérieure ou libre de la moitié inférieure de cette même troisième circonvolution frontale, ainsi que les trois circonvolutions de l'insula qui lui sont voisines; 4° l'insula de Reil, et plus profondément le corps strié dans son tiers antérieur*.

Ces parois de la cavité que nous venons de décrire étaient tapissées par une très-légère membrane celluleuse, de couleur jaunâtre, formée de vaisseaux capillaires très-ténus, et dans laquelle le microscope démontrait de rares fibres de tissu conjonctif, des corps granuleux, dits inflammatoires, des amas jaunâtres amorphes de matière colorante du sang et de très-nombreuses granulations moléculaires; tout autour de cette cavité, la masse encéphalique était un peu ramollie; cette altération était sensible surtout dans le corps strié.

L'hémisphère droit ne présentait aucune altération.

Le malade de M. Perroud, était un beau cas d'aphasie, et bien que la lésion soit étendue, elle confirme la localisation. Marcé, en 1857, a montré qu'il existe probablement un principe coordonnateur de l'écriture, et qu'il doit être tout voisin de celui de la parole : souvent ils sont atteints ensemble. Ce fait-ci et quelques autres montrent également réunis le trouble du langage articulé et celui de la mimique.

OBSERVATION XXVI.

Due à M. *Périer*, publiée dans le *Bull. de la soc. d'Anthrop.*, 1864, p. 362.

M. Broca présente, au nom de M. *Périer*, le cerveau d'un blessé qui a perdu la parole par suite d'une chute sur la tête, et qui est mort au bout de dix jours.

Cet homme avait fait une chute sur la partie latérale droite de la tête et s'était fait une fracture de la fosse temporale droite. Il resta d'abord sans connaissance ; quelque temps après, lorsque M. Périer le vit pour la première fois, il présentait encore quelques symptômes de commotion ; les membres étaient dans le relâchement. A toutes les questions qu'on lui faisait, il répondait uniquement : *La tête, la tête.* Pouls faible et lent, vomissement, ecchymose sous-orbitaire à droite, écoulement du sang par le nez.

Pendant les trois ou quatre jours suivants le malade parut aller mieux. Il soutenait sa tête plus facilement. L'intelligence était revenue ; il comprenait ce qu'on lui disait, et répondait par gestes, mais il ne pouvait prononcer que le monosyllabe *oui*.

Quoiqu'il fût évident que le blessé était tombé sur le côté droit de la tête, M. Périer, d'après le symptôme de l'aphémie, diagnostiqua une lésion par contre-coup de l'hémisphère gauche du cerveau, et annonça que la troisième circonvolution frontale devait être au nombre des parties lésées.

Il n'y avait eu jusqu'alors ni convulsion, ni paralysie. Mais le huitième jour survinrent des mouvements convulsifs, comme épileptiformes, occupant plus particulièrement les muscles de la moitié droite de la face et ceux des membres du côté droit. Cela confirmait l'idée d'une lésion de l'hémisphère gauche. En même temps, et tout en conservant d'ailleurs sa connaissance, le blessé cessa de prononcer son unique monosyllabe. — Les mouvements convulsifs se rapprochaient de plus en plus, les muscles postérieurs du cou se roidirent ; le malade mourut le dixième jour, sans avoir présenté aucun symptôme de paralysie.

A l'autopsie, qui a été pratiquée ce matin, on a trouvé d'abord une fracture s'étendant de la fosse temporale droite à la fente sphénoïdale du même côté. L'hémisphère droit du cerveau paraissait parfaitement sain ainsi que le bulbe, le cervelet et la protubérance. Une nappe de sang coagulé recouvrait l'hémisphère gauche. Ce sang a été enlevé, mais on a laissé la pie-mère en place, et M. Broca, à qui M. Périer a eu l'obligeance d'envoyer la pièce, n'a pas voulu la disséquer avant de l'avoir montrée à la société. On aperçoit à la face externe de l'hémisphère gauche trois petits foyers hémorragiques parfaitement distincts. Le premier, situé sur la partie moyenne de la deuxième circonvolution du lobe temporo-sphénoïdal, correspond à une contusion superficielle de la substance cérébrale ; la pie-mère est déchirée à ce niveau, et c'est par là sans doute que le sang s'est épanché dans l'arachnoïde. Ce premier foyer a environ quinze millimètres d'étendue. Le second est situé sur la même circonvolution, à deux centimètres en arrière du précédent. Il a environ un centimètre de large. Enfin le troisième foyer est situé sur le bord supérieur de la scissure de Sylvius, à un centimètre et demi en avant de l'extrémité externe du sillon de Rolando, et masque entièrement et exclusivement le méandre postérieur de la troisième circonvolution frontale. M. Broca n'hésite pas à considérer cette dernière lésion comme la cause de l'aphémie, car elle occupe strictement le point qu'il a indiqué comme étant le siége de la faculté du langage articulé.

M. Trélat procède alors avec le plus grand soin à la dissection de la pie-mère. En enlevant cette membrane, on constate d'abord qu'il existe deux caillots allongés couchés respectivement dans les deux sillons qui limitent le méandre postérieur de la troisième circonvolution frontale. Cette partie de la troisième circonvolution, comprimée entre les deux caillots, est notablement amincie ; en la comparant à la même partie de la troisième circonvolution de l'hémisphère droit, on trouve qu'elle a perdu au moins un tiers de son épaisseur. Elle présente en outre le ramollissement et la couleur rouge qui caractérise l'encéphalite.

L'encéphalite n'est pas limitée à cette circonvolution. Les deux premières circonvolutions frontales et les trois cinquièmes antérieurs de la troisième sont parfaitement sains. Mais, en arrière, l'encéphalite s'est propagée à la partie inférieure de la circonvolution pariétale transverse. Les lésions de l'encéphalite sont manifestes également autour des deux foyers du lobe temporo-sphénoïdal; mais une étude minutieuse montre qu'il n'y a aucune continuité entre l'inflammation de ce dernier lobe et celle qui a eu pour point de départ la lésion de la troisième circonvolution frontale. Le lobe de l'insula, le fond de la scissure de Sylvius et le bord inférieur de cette scissure sont parfaitement sains, et il est digne de remarque que le foyer sanguin de la troisième circonvolution ne s'est même pas prolongé par infiltration dans l'intérieur de la scissure de Sylvius.

Ce fait est favorable à la doctrine de M. Broca, le foyer de la troisième frontale siége au point précis désigné par lui ; aussi, quoique peu étendu, a-t-il suffi à produire une aphasie complète. Voilà encore un cas d'aphasie sans paralysie.

OBSERVATION XXVII.

Publiée par M. *Trousseau. Clinique*, t. II, p. 592.

Cet homme, âgé de soixante ans, entré d'abord dans le service de M. Vigla, à l'Hôtel-Dieu, avait été frappé de paralysie de tout le côté droit du corps; M. Vigla avait constaté l'aphasie, et s'empressa d'adresser le malade à M. Trousseau. L'intelligence paraissait obtuse; depuis plusieurs mois déjà il était paralysé, et bien qu'il parût comprendre qu'on lui parlait lorsqu'on insistait près de lui, il ne répondait jamais aux questions que par ces mots : « Ah! fou. » « Depuis quand êtes-vous malade? — Ah ! fou. — Quel âge avez-vous? — Ah! fou. — Souffrez-vous? — Ah! fou. — Voulez-vous manger? — Ah! fou. » Il était impossible de lui tirer aucune autre parole. La sensibilité générale était conservée, et si on le pinçait un peu fort, il disait d'une façon un peu accentuée : « Ah! fou; » puis, par un mouvement de tête, témoignait de sa mauvaise humeur. Quelques semaines plus tard, ce malade succombait. Comme il s'agissait d'un fait important qui pouvait infirmer ou confirmer la doctrine de la localisation des facultés intellectuelles, M. Trousseau pria M. Broca de venir examiner avec lui la pièce anatomique. On put constater que du côté gauche il existait un ramollissement jaune de la circonvolution marginale inférieure,

de la partie inférieure de la circonvolution pariétale transverse et des circonvolutions de l'*insula*. Au premier examen, le lobe frontal paraissait
indemne de toute lésion. Mais après avoir écarté les bords de la scissure de
Sylvius, on put reconnaître que le ramollissement s'étendait des circonvolutions de l'insula à la partie inférieure de la circonvolution frontale transverse, et de plus, que la troisième circonvolution frontale était elle-même
le siége d'un ramollissement dans sa partie postérieure, c'est-à-dire la plus
rapprochée du sillon de Rolando.

Cette pièce anatomique fut présentée à la Société de biologie par
M. Dumontpallier, alors chef de clinique, dans la séance du 28 mars 1863.
Sur la demande de M. Broca, dont elle vient appuyer la doctrine, la pièce
a été déposée au musée Dupuytren où chacun pourra voir que la lésion
anatomique avait pour siége une portion du lobe sphénoïdo-temporal
et la troisième circonvolution frontale.

C'est, croyons-nous, à ce fait que fait allusion M. Broca lorsqu'il
dit à la société d'anthropologie[1] :

Un jour M. Duchenne, de Boulogne, vient me dire qu'on a observé à
l'Hôtel-Dieu, dans le service de M. Trousseau, un fait contraire aux idées
que je professe sur le siége du langage articulé. Je me rends à l'hôpital et
je constate, en effet, que le lobe pariétal était malade ; mais m'appuyant
sur les faits antérieurs, j'annonce, en enfonçant un scalpel dans l'épaisseur
de la troisième circonvolution, que là doit se trouver une lésion. Effecti-
vement la circonvolution était altérée dans ses trois centimètres postérieurs.

Nous transcrivons ces paroles de M. Broca, parce qu'elles montrent que des hommes dont la parole fait autorité, peuvent aisément
se tromper, même dans l'examen d'une pièce anatomique ; aussi
croyons-nous que lorsqu'une doctrine repose sur un certain nombre
de faits bien observés, et c'est le cas de la localisation de M. Broca,

1. *Bulletin de la soc. d'Anthrop.*, 1863, p. 201.

elle a le droit d'être sceptique ou tout au moins très-sévère pour les faits qui viennent la contredire.

Ce n'est pas le cas du fait ci-dessus, il est pleinement confirmatif de l'opinion de M. Broca; le malade était un bel exemple d'aphasie ; il portait un ramollissement de l'insula et de toute la circonvolution d'enceinte de la scissure de Sylvius du côté gauche, excepté sa lèvre antérieure et son angle postérieur.

OBSERVATION XXVIII.

Recueillie par l'auteur de la thèse et M. *Bozonet.*

Chardot (cinquante-cinq ans), cocher, demeurant rue des Poissonniers à Paris, entré à Bicêtre en février 1863, atteint d'hémiplégie droite et d'épilepsie. Aucun renseignement sur ses antécédents. L'hémiplégie du mouvement est presque complète. Il est impossible au malade de marcher. Rires et pleurs sans motif. Il ne prononce qu'un seul mot : *coquin,* mais *il l'articule très-bien et avec des intonations conformes à ses sentiments.* Accès de fureur quelquefois ; il déchire, mord, crie la nuit, ce qui dérange les autres malades de l'infirmerie et nécessite son passage à la division des aliénés le 13 décembre 1864. Étant à l'infirmerie, il avait refusé énergiquement par sa mimique de donner son consentement au mariage de sa fille. Lorsqu'on lui en parlait, il se mettait en colère et répétait le mot *coquin* avec vivacité ; son intelligence paraît diminuée, mais elle est loin d'être abolie. Sur la fin de sa vie, il se manifesta de la contracture dans les membres paralysés. Il meurt le 16 février 1865.

Autopsie. — OEdème de la pie-mère. Caillots mous dans les sinus. Ramollissement blanc, laiteux dans le centre ovale de Vieussens vers sa partie moyenne du côté gauche. Ramollissement jaune chamois, avec atrophie considérable à la partie externe de l'hémisphère gauche. La lésion étant étudiée par circonvolution, nous notons qu'elle occupe le tiers postérieur des trois circonvolutions frontales antéro-postérieures, ainsi que tout le lobule de l'insula, à l'exception de sa circonvolution la plus antérieure. La circonvolution frontale transverse est à peine atteinte dans l'étendue de un centimètre à son extrémité inférieure, de même que la pariétale transverse a un centimètre au-dessus de la marginale supérieure. La circonvolution marginale inférieure est saine ainsi que la moitié postérieure de la marginale supérieure, en arrière du sillon de Rolando.

De la destruction de ces diverses parties résulte une cavité ovalaire à grosse extrémité tournée en bas. Le fond de cette cavité est uni, lisse, médiocrement vasculaire. Artères du cerveau très-athéromateuses.

Le fait que nous publions est un cas d'aphasie très-nette; l'intelligence amoindrie est encore assez notable. Il y a hémiplégie droite. L'autopsie révèle une lésion en rapport avec la doctrine de M. Broca.

OBSERVATION XXIX.

Publiée par M. le Dr *Malichecq*, dans la *Gaz. des hôp.*, 1865, p. 322.

Dans la matinée du 16 août 1864, aux environs de Mont-de-Marsan, le nommé Jean B.... cultivateur, dans une contestation avec son beau-frère L..., reçoit sur la tête un violent coup de barre, dont il est renversé ; mais il se relève tout aussitôt se plaignant vivement de l'atteinte grave dont il venait d'être victime ; il peut marcher seul, faire plusieurs pas pour rentrer dans la maison d'habitation. Cependant, en le voyant chanceler, on l'oblige à se coucher. Dans son lit, B.... peut encore, pendant quelques moments, articuler distinctement plusieurs mots ; mais il est bientôt privé de l'usage de la parole, et un peu d'hémiplégie droite se dessine.

Dans les journées des 16 et 17, alors qu'il ne peut plus parler, il paraît cependant comprendre ce qu'on lui dit : il fixe la personne qui le questionne, il montre la langue, et dans la soirée du 16, il peut en quelque sorte se lever seul pour pourvoir au besoin d'uriner.

En arrière de la suture fronto-pariétale gauche, paraissait à peine une légère plaie contuse d'un à deux centimètres de long, n'intéressant qu'une partie de l'épaisseur du cuir chevelu.

Jusqu'au 18, apyrexie. Ce jour-là, apparition de phénomènes inflammatoires consécutifs ; pouls fort et assez fréquent, peau chaude et généralement moite ; facies rouge et somnolence, immobilité de tout le corps, à part quelques contractions musculaires spasmodiques très-accusées à gauche, peu sensibles à droite ; de plus, à gauche, immobilité des paupières, pupille dilatée et insensible à la lumière ; à droite, du côté de l'hémiplégie, au contraire, mobilité des paupières, état contracté et contractilité de la pupille.

B.... succombe le 19 vers trois heures du soir.

Autopsie médico-légale. — Très-légère infiltration de sang au-dessous de la petite plaie contuse dont il a été question ; fracture étoilée, sous forme de fêlure, de la partie antérieure et inférieure de l'os pariétal gauche, s'étendant un peu au bord postérieur du frontal et à la grande aile du sphénoïde ; entre la dure-mère décollée et la boîte osseuse, à l'endroit correspondant à la fracture, épanchement de sang sous forme de caillot de cinq centimètres de diamètre, et d'un à deux centimètres d'épaisseur, provenant de la déchirure d'une ramification de l'artère méningée moyenne ; rougeur vive et injection prononcée de la dure-mère, de l'arachnoïde, de la pie-mère et du cerveau au-dessous et dans le voisinage du caillot sanguin ; par la position de ce dernier, compression du lobe antérieur gauche du cerveau, au point correspondant à la troisième circonvolution cérébrale au-dessus de le scissure de Sylvius.

Les cas d'aphasie traumatique sont des plus démonstratifs. Celui-là, en particulier, vient justifier la doctrine de M. Broca de la façon la plus positive, puisque la lésion est limitée au niveau de la moitié postérieure de la troisième frontale. Il suffit d'être témoin, croyons-nous, d'un ou deux de ces faits, pour se convertir, et lorsque, comme cela arrive ici, un nombre imposant d'autres faits viennent confirmer ceux qui ont impressionné, on ne tarde pas à être persuadé.

OBSERVATION XXX.

Publiée par M. *Broca. Bull. de la soc. d'Anthrop.*, 1865, p. 387.

Ce fait a été observé en 1864, à la Salpêtrière, dans le service de M. Moreau (de Tours).

A l'autopsie d'une malade de quarante-sept ans, épileptique depuis sa plus tendre enfance, on constata que la troisième circonvolution frontale gauche faisait défaut, ainsi que la circonvolution pariétale inférieure et la circonvolution temporo-sphénoïdale supérieure. En d'autres termes, on constata l'absence de toute la partie de l'hémisphère gauche qui borde la scissure de Sylvius, et qui constitue, dans la nomenclature de M. Foville, la circonvolution d'enceinte de cette scissure. Or, cette malade n'était pas aphémique, et elle aurait dû l'être si la troisième circonvolution *gauche* était le siége exclusif et constant de la faculté de coordonner l'articulation des mots. Au reste les parties qui manquaient n'avaient pas été détruites par une maladie; il était aisé de reconnaître que ces parties ne s'étaient jamais développées; en effet, à la place de la circonvolution d'enceinte, on trouvait un petit pli sinueux, gros comme un boyau de rat, qui présentait exactement les connexions normales et les rapports de la circonvolution d'enceinte. Il s'agissait donc d'une atrophie congéniale, d'un véritable arrêt de développement, dû peut-être à l'absence congéniale de l'artère sylvienne gauche, artère dont nous ne pûmes retrouver la trace. Le reste de l'hémisphère gauche paraissait sain, mais était cependant loin d'être normal, car toutes ses parties, les circonvolutions aussi bien que le corps strié, la couche optique et le pédoncule, étaient bien moins volumineux que les parties correspondantes de l'hémisphère droit..... L'encéphale entier pesait seulement 1045 grammes et cependant il y avait 243 grammes de différence dans le poids des hémisphères, le droit pesant 540 grammes, le gauche 297. On ne s'étonnera pas, dès lors, que les fonctions de l'hémisphère gauche fussent imparfaites. Les deux membres du côté droit étaient très-faibles et ne jouissaient que d'une sensibilité obtuse; ils étaient en outre moins longs et moins volumineux que ceux du côté opposé. La main droite presque inutile, était fléchie sur l'avant-bras, et la marche s'accompagnait d'une claudication manifeste.

Cette inégalité anatomique et fonctionnelle des deux moitiés du corps était évidemment la conséquence de l'inégalité congéniale des deux moitiés du cerveau, et ce qui le prouve, c'est qu'à la face, dont les nerfs prennent naissance au-dessus de l'entre-croisement du bulbe et dont l'innervation, par conséquent, est directe et non pas croisée, l'atrophie des chairs et du squelette se montrait seulement du *côté droit*.

L'intelligence devait, sans aucun doute, se ressentir de l'état défectueux du cerveau. Mais la malade n'était nullement idiote : elle n'avait reçu qu'une instruction très-rudimentaire ; pourtant elle savait lire, elle s'occupait des travaux de son état, et par parenthèse, elle cousait de la main gauche ; enfin elle parlait convenablement et elle exprimait ses idées sans difficulté.

Ainsi que M. Broca le déclare, ce fait prouve que le côté gauche du cerveau n'est pas le siége exclusif et constant de la faculté de coordonner l'articulation des mots. Il est remarquable que toute la circonvolution d'enceinte soit atrophiée congénialement ; ce fait montre bien que M. Foville avait raison de considérer cette portion du cerveau comme un tout, c'est une *circonvolution naturelle*, tandis qu'en envisageant autrement le bord supérieur de cette scissure, on le mutile et on fait des *circonvolutions artificielles* : aussi je pense que le meilleur moyen d'arriver à une bonne classification des divers organes dont l'ensemble forme le cerveau, c'est l'étude des cas du genre de celui qui précède.

OBSERVATION XXXI.

Cette observation est de M. *Peter*, et nous l'extrayons du discours de M. Trousseau. Académie, 25 avril 1865.

Une femme d'une quarantaine d'années entre le 12 décembre dernier à l'Hôtel-Dieu. Elle est paralysée de tout le côté gauche, et sa paralysie date de deux jours seulement. Depuis son attaque qui est survenue brusquement, cette femme ne dit plus (mais elle le fait d'une voix distincte et sans aucun bredouillement) que les mots : « Oui, parbleu ! — Tiens ! — Vous comprenez ». A tout propos son langage se borne à ces paroles, qu'elle profère avec animation. Lui demande-t-on si elle veut manger, elle répond aussitôt : « Oui, parbleu ! » — Comment elle s'appelle : « Oui, parbleu ! » ou bien : « Tiens ! » qu'elle dit d'une façon railleuse et comme péremptoire. Elle semble, d'ailleurs, très-convaincue qu'elle répond très-pertinemment aux questions qu'on lui adresse. Et souvent elle ajoute, lorsqu'on insiste pour avoir d'elle une réponse plus satisfaisante : « Vous comprenez ! » comme le fait une personne qui croit avoir à moitié convaincu son auditeur. Elle appelle souvent à son aide le langage des gestes, mais celui-ci est tout aussi limité que celui des mots. Il consiste à montrer rapidement les trois premiers doigts de la main droite étendus, les deux derniers fléchis, ainsi que le fait une personne qui veut indiquer le nombre trois. Et cela encore à tout propos ou plutôt hors de propos, comme lorsqu'on lui demande si elle veut manger ou ce qu'elle veut manger.

Le regard semble très-intelligent ; la malade suit avec une certaine attention ce qui se passe autour d'elle ; mais cette attention se fatigue bientôt, et l'on parvient assez difficilement à l'exciter de nouveau.

Comme c'est un type d'aphasie, M. Peter pense à une lésion de la troisième circonvolution frontale ; — comme il y a des signes non douteux d'affection du cœur (bruit du souffle rude au premier temps et à la pointe), il pense à une embolie ; et comme l'artère cérébrale moyenne est dans le voisinage de la circonvolution qu'il suppose lésée, il croit à une embolie de cette artère. De sorte que, d'induction en induction, il arrive à ce diagnostic final : « Ramollissement de la partie postérieure de la troisième circonvolution frontale droite, par oblitération embolique de l'artère cérébrale moyenne. »

Ce diagnostic acquiert un plus haut degré de probabilité quand, le 26 décembre, la malade se plaint de la jambe droite, et que bientôt se manifestent les signes d'une gangrène par oblitération de l'artère tibiale postérieure.

Quatre jours plus tard, la malade meurt, sans avoir dit autre chose que les mots signalés plus haut.

A l'autopsie, on trouve l'artère sylvienne droite oblitérée, dans l'étendue d'un centimètre, par un caillot grisâtre, de date évidemment ancienne, et

très-adhérent à la paroi vasculaire. Au niveau de ce point, la partie postérieure de la troisième circonvolution frontale droite est ramollie au plus
haut degré. Le ramollissement, blanc, a la largeur d'une pièce de 5 francs,
et il s'étend en profondeur jusqu'au corps strié. Mais la perte de consistance du cerveau est à son maximum, comme étendue et comme intensité,
au voisinage de l'oblitération vasculaire, c'est-à-dire à la portion de la
troisième circonvolution qui limite la scissure de Sylvius, où le ramollissement a évidemment débuté.

On ne trouve pas d'autre lésion cérébrale, la troisième circonvolution
frontale gauche est intacte. Il n'y a pas de lésion du bulbe, ni de la région
des olives.

Il existe un rétrécissement fibro-cartilagineux très-considérable de l'orifice auriculo-ventriculaire du cœur. Des végétations fibreuses recouvrent
le bord libre des valvules.

Ce fait remarquable a établi que M. Dax était trop exclusif, et
tout en confirmant d'une façon éclatante la doctrine de M. Broca, il
a forcé ce dernier à accepter la réalité d'aphasie avec lésion de la troisième circonvolution gauche. Le nombre de ces faits est très-res-
treint. Le plus souvent la lésion à droite n'entrave pas la parole.

OBSERVATION XXXII.

Recueillie par l'auteur de la thèse et M. *Bozonet*.

Collet, vingt-cinq ans, célibataire, menuisier, à Bicêtre depuis neuf mois,
entré à l'infirmerie, service de M. Léger, le 4 juillet, mort le 15. Ce malade
raconte qu'il se portait très-bien habituellement. Il soutient qu'il n'a
jamais eu de rhumatisme articulaire. Il avoue avoir fait des excès alcooliques
(absinthe et eau-de-vie), surtout depuis deux ans. Pas de syphilis, hydar-
throse du genou droit, ancienne. Il travaille souvent à genoux.

Il y a trois ans, au sortir d'un bal il tomba subitement à terre, ne perdit
pas complétement connaissance; on le releva hémiplégique à droite. Il

n'avait pas fait d'excès alcooliques ce jour-là. Il avait perdu en même temps la parole. Il raconte qu'il est resté six mois complétement muet. Au bout de ce temps il a pu dire le mot *bouchon* qu'il employait à tout propos, quoiqu'il comprît très-bien que ce mot ne répondait pas à sa pensée. Depuis ce moment il commença à dire quelques mots nouveaux, mais mal à propos, étant resté un mois n'ayant absolument que le mot *bouchon* à son service. La déglutition a toujours été facile. La paralysie n'a pas varié, les gestes étaient conservés et Collet se faisait comprendre. Actuellement (6 juillet), le bras droit est complétement paralysé du mouvement. La sensibilité est intacte. La jambe est complétement paralysée. OEdème des membres paralysés. Jamais de crampes ni de fourmillements. Nous constatons l'état normal de la vue, de l'ouïe, de l'odorat et du goût. Le malade parle très-bien, il a une légère gêne dans l'articulation qui semble tenir à l'hémiplégie faciale incomplète qu'il présente. Il ne peut siffler, son intelligence et sa mémoire sont parfaitement conservées et le malade rend très-bien compte de son état.

Depuis trois mois seulement il a éprouvé des palpitations de cœur fréquentes et de la toux. Il prétend que ces accidents sont survenus à la suite d'un refroidissement survenu dans la nuit, étant peu couvert et une fenêtre de la salle ayant été ouverte. Toux quinteuse, surtout nocturne. Depuis six jours œdème des membres inférieurs surtout du droit. La matité du cœur est doublée dans tous les sens. Le cœur est abaissé. Frémissement cataire intense perçu par la main. Pouls de Corrigan, cent quatre pulsations, quarante-quatre inspirations. Souffle aux deux temps à la base. Les bruits sont lointains, tumultueux. De plus on perçoit un bruit superficiel de cuir neuf. A la pointe, souffle au deuxième bruit.

10 juillet. — Léger ictère depuis hier. Le pouls qui avait baissé les jours précédents s'élève encore à cent quatre. Expectoration de crachats muqueux, adhérents, jus de réglisse. Accès de dyspnée plus fréquents. Râle crépitant à la partie inférieure de l'omoplate droit. Pas de matité notable.

11 juillet. — Crachats rouillés, abricot, langue sèche, enduit visqueux, Soif vive. Pouls cent quatre, respiration quarante. Crépitation fine dans les deux tiers inférieurs du poumon droit; submatité. Quelques râles crépitants à gauche sans submatité. Vibrations augmentées à droite. Léger

souffle bronchique. L'ictère persiste. Pulsations cardiaques très-exagérées. Depuis plusieurs jours ce malade a une diarrhée bilieuse.

12 juillet. — L'ictère augmente, la langue est sèche, enduit noir vers son milieu. Adynamie profonde. La parole ne cesse pas d'être parfaite. Taches bleuâtres, ecchymotiques à la base de la poitrine. Assoupissement. Urine foncée, colorée en brun. Albumine. État typhoïde très-marqué.

Le malade, après avoir eu un peu de délire tranquille, meurt le 13 au soir.

Autopsie. — Vingt huit heures après la mort.

Crâne dur. Coloration ictérique des méninges. Peu de liquide encéphalo-rachidien. Atrophie manifeste de l'hémisphère gauche, dont les circonvolutions contrastent par leur gracilité avec la magnificence de celles du côté opposé, qui semblent notablement plus volumineuses que celles d'un cerveau normal. Il existe un affaissement manifeste au niveau de la partie postérieure du lobe frontal.

Hémisphère gauche. — En examinant les circonvolutions l'une après l'autre on constate que plusieurs sont comme flétries, jaunes chamois, elles sont considérablement atrophiées. Le lésion occupe la circonvolution frontale transverse et pariétale transverse tout entière. Les deuxième et troisième circonvolutions frontales sont notablement diminuées de volume à leur partie postérieure surtout. La troisième est plus atrophiée que la seconde; ces deux circonvolutions paraissent simplement diminuées de volume et n'offrent pas l'aspect flétri, ni la coloration des deux circonvolutions transverses. Elles ont leur coloration et leur consistance normales. L'insula de Reil n'offre rien à noter. Au niveau de la réflexion du corps cailleux sur le corps strié on constate un ensemble de vacuoles qui donnent au doigt une sensation dure et rugueuse athéromateuse. Presque tout le noyau extra-ventriculaire du corps strié est dur, criblé de rugosités à sa partie supérieure, au niveau de la partie postérieure de la troisième circonvolution et de l'insula. Là, mélange de lacunes et d'une substance jaunâtre, rude au toucher, comme de petits fragments crétacés.

L'*hémisphère droit* est sain.

Cervelet. — Anémie. Le lobe droit paraît un peu moins convexe.

Cœur très-volumineux. Épaississement du péricarde viscéral par places. Deux cuillerées de sérosité. Congestion intense du péricarde. Le cœur droit

a des parois amincies, il contient un sang fluide et quelques caillots mous
ictériques. Valvule tricuspide épaissie, verruqueuse. — Les parois du cœur
gauche sont épaissies, et les fibres très-graisseuses, caillots fibrineux récents
se prolongeant dans l'aorte. La valvule mitrale offre cinq ou six franges
verruqueuses d'un centimètre de longueur environ ; elles sont à son bord
libre ; d'autres plus petites à sa face ventriculaire. Les valvules sygmoïdes
de l'aorte sont très-notablement lésées ; la postérieure est détruite, représentée par un mamelon de trois millimètres. Le bord des autres est très-
épaissi ; il supporte des végétations irrégulières offrant une coloration
jaune, athéromateuses. Ces végétations se détachent par fragments très-
facilement, en quelques points.

L'aorte, à son origine, est très-athéromateuse et présente plusieurs plaques ulcérées par places ; quelques-unes de ces ulcérations vont jusqu'à la
paroi externe. La plus étendue de ces cavités a un centimètre et demi de
large ; le bord est surmonté d'une couronne de végétations : plusieurs sont
flottantes. Artères coronaires athéromateuses. — Aorte abdominale criblée
d'ulcérations athéromateuses.

Les *poumons* présentent une congestion intense des bases. Le gauche
offre à sa base un noyau gros comme une noix, dur, imperméable, infiltré
de sang, d'une coloration rouge foncé. A la base du poumon droit un
noyau pareil au précédent et de même volume, seulement il est plus noir,
plus dur. Le lobe moyen en offre un plus petit mais de même aspect. Ces
noyaux arrivent jusqu'à la plèvre (les cavités pleurales ont disparu en
grande partie). En suivant les rameaux de l'artère pulmonaire correspon-
dants à ces lésions, nous avons constaté l'existence de coagulations fibrineuses, comme vermiculaires non adhérentes, et de consistance assez résistante ; elles remplissaient le calibre des canaux vasculaires, quelques-unes se
ramifiaient dichotomiquement.

Foie. — Péritonite sus et sous-hépatique ; fausses membranes. Le foie
est volumineux, offre à la coupe une coloration noix muscade. Bile très-
noire, poisseuse ; canaux biliaires dilatés. — Veines sus-hépatiques très-
dilatées et autour de ces canaux teinte jaune.

Rate. — Volumineuse, 325 grammes, ferme. Plusieurs infarctus, noyaux
rouge noirâtre, avec dépression à la périphérie. Le plus volumineux est
plus dur, bordé par une zone jaune citron et une partie centrale moins

foncée, offrant la consistance de la fibrine et s'isolant aisément. Un de ces noyaux paraît plus ancien, comme fibreux; à son niveau la surface de la rate présente un aspect cicatriciel.

Reins. — Le gauche est extrêmement irrégulier, diminué de volume, couvert de cicatrices déprimées, noires ou vertes noirâtres, ou jaunes blanchâtres. La substance corticale est considérablement dégénérée. Le rein droit est beaucoup moins lésé que le gauche.

Estomac. — Très-vascularisé; teinte noire par plaques sur le grand cul-de-sac; ailleurs parsemé de petits mamelons blancs.

Intestin. — L'intestin grêle est injecté vivement à sa partie supérieure dans une étendue de 30 centimètres. Plus loin plaques ecchymotiques de l'étendue d'une pièce de 1 franc; là, dilatation des capillaires et coloration vineuse. Les plaques de Payer sont saines. Le gros intestin sain. Une plaque d'une étendue d'une pièce de 5 francs à 80 centimètres de l'estomac. Elles sont la plupart au bord mésentérique. A la coupe de ces taches ecchymotiques, sang extravasé dans le tissu cellulaire sous-muqueux.

Ce fait nous a paru intéressant à plusieurs égards; l'ensemble des symptômes qu'a présentés notre malade est en rapport avec la lésion vasculaire cause des infarctus multiples que l'autopsie a révélés dans le cerveau, la rate, les reins, l'intestin.

La lésion cérébrale est bien en rapport avec les troubles du langage qu'a présentés Collet, et ce fait confirme la doctrine de M. Broca. La circulation subitement entravée dans la partie postérieur du lobe frontal a amené une aphasie complète; puis peu à peu les circonvolutions où le trouble circulatoire n'a pu se rétablir, se sont flétries, tandis que celles où la circulation était sans doute moins gênée, ont simplement diminué de volume tout en conservant leur coloration et leur consistance normale. Cette hypothèse ne nous paraît pas trop hasardée; peut-être aussi l'âge du sujet a-t-il permis à l'hémisphère droit de suppléer le gauche.

OBSERVATION XXXIII.

Recueillie dans le service de M. *Charcot*, publiée par M. *Bouchard*.
Bull. de la soc. de biol., 1864.

La malade qui fait le sujet de cette observation est Adèle Anselin, dont M. Trousseau a parlé avec détails dans sa clinique (t. II, p. 587). L'autopsie a été faite en présence de MM. Charcot et Broca. Nous transcrirons l'observation telle que M. Bouchard l'a publiée.

D'après les renseignements que nous avons recueillis et qui diffèrent peu de ceux que M. Trousseau a consignés dans son livre, Adèle Anselin, qui avait jusque là joui d'une excellente santé, aurait eu à vingt ans un rhumatisme articulaire aigu, et à la suite, des palpitations. Elle avait été réglée à quinze ans, et n'a jamais eu d'enfants.

C'est vers le milieu de sa vingt-septième année qu'elle a été prise des accidents pour lesquels elle a été traitée successivement à la Pitié, à l'Hôtel-Dieu et enfin à la Salpêtrière.

Adèle Anselin était à cette époque employée chez un marchand de vins; elle avait un amant avec lequel elle voulait rompre. Celui-ci, furieux, la frappa violemment de nombreux coups à la poitrine et à l'aine, alors qu'elle était à une époque menstruelle. Le lendemain, sans perdre connaissance, elle fut prise subitement de paralysie de tout le côté droit et d'impossibilité absolue de prononcer aucune parole. Il paraît qu'à cette époque la face était déviée à gauche. On la transporta à la Pitié, où elle passa quatre mois.

Quelque temps après sa sortie de cet hôpital, elle entra à l'Hôtel-Dieu, dans le service de M. Trousseau pour une pneumonie aiguë. On constata alors l'existence d'une endopéricardite chronique avec insuffisance de la valvule mitrale.

Elle resta toute une année à l'Hôtel-Dieu, et eut pendant ce temps quelques hémoptysies liées sans doute à l'état du cœur. Quand elle entra à la Salpêtrière, le 8 décembre 1863, la santé générale était assez satisfaisante, mais l'hémiplégie persistait; la paralysie du bras droit était complète et s'accompagnait d'un léger état de contracture; la jambe droite exécutait seulement quelques mouvements; la face, qui au moment du début était déviée à gauche, offrait, au contraire, une légère déviation à droite, sans doute par le fait d'une contracture permanente développée secondairement dans les muscles paralysés, comme cela avait eu lieu pour le bras. La pupille gauche était plus dilatée que la droite. L'auscultation révélait un bruit de souffle au premier temps, à la pointe du cœur.

Nous avons pu observer cette malade pendant sept mois, et nous l'avons surtout étudiée au point de vue des troubles de l'intelligence et du langage. Je transcris textuellement les notes que j'ai recueillies à cette époque :

La malade exécute facilement les mouvements des lèvres et de la langue; son larynx paraît aussi fonctionner régulièrement; cependant elle n'a à sa disposition que trois expressions dont elle se sert spontanément. Si elle veut appeler sur elle l'attention de quelqu'un, elle crie : *Maman! maman!* Si on lui fait une question, elle répond invariablement: *Peux pas dire.* Si l'on insiste, elle témoigne son impatience par l'exclamation : *Oh! malheur.* Indépendamment de ces trois paroles qui sont tout son langage spontané, on peut l'amener à dire son nom Adèle, à la condition de le prononcer avant elle, et elle ne le répète d'ailleurs que d'une façon peu intelligible. Si on lui demande de dire le nombre de divers objets qu'on lui montre ou la date du jour, elle ne trouve pas immédiatement le mot, mais alors elle compte depuis *un* et s'arrête au chiffre exact. Toutefois, il faut que ce chiffre ne dépasse pas quinze ou seize; car alors elle s'embrouille, recommence sans plus de succès, s'impatiente et devient incapable ensuite de compter jusqu'à un nombre moins élevé.

C'est à ces quelques mots que se borne chez elle la faculté d'exprimer sa pensée par le langage articulé. Le langage écrit est mieux conservé. Ainsi elle écrit spontanément de la main gauche et assez correctement quelques phrases courtes comme celle-ci : Monsieur, je vous remercie de toutes vos bontés, puis elle signe son nom, auquel elle ajoute toujours celui de son ancien amant. Elle peut aussi écrire quelques mots qu'on lui dicte ou qu'elle vient de lire, mais elle se fatigue rapidement à cet exercice, oublie des lettres, les substitue les unes aux autres, s'aperçoit d'abord de ces erreurs, biffe les mots incorrects, les recommence sans mieux réussir, puis, enfin, ne trace plus que des caractères indéchiffrables. La mimique est très-accentuée, mais peu intelligible et très-incomplète ; c'est ainsi que malgré beaucoup de gestes elle reste quelquefois longtemps à faire deviner qu'elle veut manger. Malgré l'impossibilité où elle se trouve d'exprimer spontanément et directement ses pensées, sa physionomie est pourtant assez intelligente et les facultés intellectuelles, d'une façon générale, sont conservées dans de certaines limites. En lui parlant sur divers sujets, en lui faisant des questions variées, on constate par les signes de l'affirmation ou de la négation, qu'elle comprend assez facilement à peu près tout ce qu'on lui dit et que son jugement ne manque pas d'une certaine justesse. Cependant son intelligence a subi un abaissement notable. Elle s'occupe d'enfantillages, un rien suffit à la faire rire, elle manque de la réserve habituelle. Ainsi, un matin, à la visite, elle montre en riant aux élèves sa chemise tachée par le sang des règles, non par grossièreté, mais comme un objet de curiosité.

La mémoire a surtout subi une notable diminution. Elle lit très-souvent, mais plusieurs fois de suite le même roman avec le même plaisir. Elle déclare d'ailleurs qu'elle oublie très-vite ce qu'elle a lu. Cependant elle le comprend. Quand on lui fait lire une phrase d'un seul trait, elle peut l'écrire immédiatement, alors qu'elle n'a plus le livre sous les yeux. Si la phrase est un peu longue, ou si on laisse plusieurs minutes s'écouler entre la lecture et l'écriture, elle ne peut plus l'écrire ou ne trace que des caractères indéchiffrables. Alors, si on lui cite plusieurs phrases au hasard parmi lesquelles on place celle qu'elle a lue, il arrive assez souvent qu'elle s'arrête au moment où l'on prononce cette dernière. Au bout d'un quart d'heure d'exercices de ce genre, elle finit par ne plus rien comprendre.

Les idées écrites restent mieux dans sa mémoire quand elles sont en même temps reproduites par une image.... De même elle conserve très-bien la mémoire des figures et reconnaît au premier coup d'œil les personnes qu'elle a connues avant et depuis sa maladie.

Pendant tout le temps que cette malade passa à la Salpêtrière, on ne constata aucune modification dans ses facultés intellectuelles ni dans son aptitude à exprimer ses idées.

Le 20 janvier 1864, elle fut prise d'un accès de suffocation que l'on considéra comme un asthme cardiaque. Le 4 février, le même accès se produisit, et le lendemain on vit survenir une hémorragie, puis tout rentra dans l'état normal.

Le 13 juillet, à la visite du matin, on trouva la malade dans un état d'agitation extrême avec oppression, cyanose, envies de vomir, douleur précordiale. A l'auscultation le murmure respiratoire était remarquablement pur. Ces symptômes s'aggravèrent, la cyanose augmenta, la face devint bouffie, l'oppression devint de l'orthopnée, et la malade succomba le 19 juillet 1864 avec les signes d'une gêne énorme de la circulation.

L'autopsie fut faite vingt-trois heures après la mort par une température très-élevée.

On trouva des végétations en guirlandes des valvules sygmoïdes de l'aorte, quelques plaques athéromateuses non ulcérées du commencement de cette artère, un rétrécissement considérable avec insuffisance de l'orifice mitral. Le cœur était volumineux, dilaté, partout adhérent au feuillet pariétal du péricarde. La cavité de cette séreuse n'existait plus, il y avait symphyse cardiaque complète.

Les reins et la rate présentaient à leur surface des cicatrices déprimées. Dans la rate en particulier, le tissu retracté présentait des stries jaunes, denses, restes d'anciens infarctus.

A l'ouverture du crâne, il s'écoula une quantité énorme de sérosité sanguinolente. La pie-mère était extrêmement congestionnée. Les artères cérébrales ne présentaient aucune altération calcaire ou athéromateuse, on ne trouvait aucune concrétion à leur intérieur. Les artères sylviennes, plus particulièrement examinées à ce point de vue, avaient leur calibre parfaitement libre.

Le cerveau était généralement mou, surtout l'hémisphère gauche. La pie-mère une fois dégorgée était très-mince, non adhérente, mais vu la mollesse des circonvolutions, il était difficile de l'enlever sans léser ces dernières. Toutefois on a eu besoin de plus de précautions pour détacher la pie-mère à gauche qu'à droite.

Les circonvolutions mises à nu étaient généralement rosées et présentaient de distance en distance des plaques rouges pointillées, comme d'hémorragie capillaire. Il en existait en particulier une plaque vers le milieu de la troisième circonvolution frontale postérieure gauche, c'est-à-dire tout proche de la racine de la troisième circonvolution frontale.

On trouvait de plus des plaques disséminées de ramollissement jaune superficiel siégeant sur les deux hémisphères.

Sur l'hémisphère gauche il existait une semblable plaque à la réunion de la circonvolution marginale postérieure et de la seconde circonvolution pariétale. Une autre siégeait à la partie la plus inférieure de l'*insula ;* et de plus, la circonvolution postérieure de l'insula était atrophiée.

Sur l'hémisphère droit on trouva aussi une plaque jaune à la partie la plus inférieure de la circonvolution frontale postérieure, descendant jusque dans la scissure de Sylvius et empiétant un peu sur la racine de la troisième circonvolution frontale.

La seule lésion constatée dans les parties centrales était un ramollissement jaune, occupant la partie supérieure et antérieure du noyau intraventriculaire du corps strié du côté gauche.

Comme conséquence de cette lésion et comme preuve de son ancienneté, on constatait une atrophie du côté gauche de la protubérance annulaire et une atrophie très-marquée avec teinte gris jaunâtre de la pyramide antérieure gauche. De cette atrophie résultait une hypertrophie apparente de l'olive gauche.

L'examen microscopique des points en apparence les plus altérés de la troisième circonvolution frontale gauche en démontrant l'intégrité de son tissu, prouve que l'altération apparente dépendait seulement d'une congestion survenue dans les derniers moments de la vie et de l'imbibition cadavérique. Les cellules nerveuses étaient parfaitement intactes, il n'y avait pas de prédominance du tissu conjonctif, pas de corps amyloïdes, pas de corps granuleux, pas de granules d'hématoïdine, les capillaires étaient sains, à l'exception de quelques-uns, très-rares où l'on voyait un commencement d'altération athéromateuse.

On a attribué une grande importance à cette observation et on l'a opposée à M. Broca. L'histoire de notre malade Collet, que nous rapportons (obs. XXXII), nous paraît avoir de grands rapports avec celle-ci. Comme lui, Adèle Anselin avait une lésion grave des valvules du cœur gauche ; comme lui, elle avait des végétations sur ces valvules ; comme lui enfin elle avait des infarctus dans les reins et dans la rate. La troisième circonvolution frontale gauche paraissait saine chez ces deux malades, malgré une diminution de volume chez Collet. Le ramollissement cérébral, unique chez Collet, multiple chez Adèle Anselin, paraît devoir être attribué à des infarctus. Chez la malade de M. Charcot, l'aphasie complète d'abord, avait diminué; chez Collet, elle avait disparu. En rapprochant cette observation de cette autre de M. Charcot (obs. XLII), où il n'a trouvé chez une aphasique type, d'autre lésion que celle de la circonvolution marginale postérieure et des deux circonvolutions postérieures de l'insula, nous voyons que dans les deux l'insula et la marginale postérieure sont lésés, et ces faits nous paraissent donner quelque fondement à l'hypothèse que la portion postérieure de la circonvolution d'enceinte de Sylvius pourrait bien être en rapport comme sa partie antérieure (moitié postérieure de troisième frontale) avec la faculté du langage. — Le langage écrit, qui est si souvent aboli avec la parole, était ici conservé en partie.

OBSERVATION XXXIV.

Publiée par M. *Parrot*, dans le *Bull. de la soc. anat.*, 1863, p. 372.

Le 1er juin 1863, est entré dans la salle Sainte-Cécile à l'hôpital Necker, une femme âgée de vingt-quatre ans, mère de deux enfants, atteinte depuis environ un an d'une tuberculisation pulmonaire arrivée aujourd'hui au deuxième degré, avec sueurs et diarrhée colliquatives. Sans insister sur les phénomènes ayant trait à la maladie tuberculeuse, qui n'ont présenté rien de particulier chez cette femme, nous voulons signaler quelques particularités intéressantes sur l'état du membre supérieur du côté gauche. Certains muscles et certains groupes de muscles sont habituellement dans un état de contraction qui modifie singulièrement l'attitude du membre et met la malade dans l'impossibilité presque absolue d'en faire usage.

C'est ainsi que la contraction du biceps et des fléchisseurs de l'avant bras maintient ce segment du membre supérieur dans un état de demi-flexion sur le bras et rapproche les extrémités des doigts de la paume de la main ; que la contraction du deltoïde éloigne le bras du tronc et tend à le rapprocher de la tête ; la volonté de la malade est complétement impuissante à modifier cet état, mais, à plusieurs reprises et à l'aide d'un léger effort, il

nous a été possible de rapprocher le bras du tronc, de ramener les autres
parties dans l'extension, et cela sans provoquer de douleur. Ajoutons que
la contraction du biceps n'a jamais pu être vaincue complétement; de telle
sorte que l'avant-bras conserve toujours un certain degré de flexion sur le
bras. Tous les muscles dont nous venons de parler étaient beaucoup plus
volumineux, plus durs que ceux de l'autre côté, et il était aisé à chaque
instant, de constater leur état d'activité.

Les différentes parties du membre étaient, à de rares intervalles et dans
leur ensemble ou individuellement, le siége de mouvements involontaires
et de sensations douloureuses.

La sensibilité ne paraît avoir subi aucune modification, et la comparai-
son attentive des deux côtés du corps ne nous a permis de constater aucune
atrophie musculaire.

Ces troubles divers avaient dix-huit ans de daté, et la malade les attribue
à une rougeole qu'elle aurait eue à l'âge de six ans, et qui se serait compliquée d'accidents nerveux sur la nature desquels il est difficile d'avoir des
détails précis. Pourtant il paraît certain qu'une perte de connaissance de
quarante-huit heures fut suivie d'une hémiplégie gauche complète, la face
y comprise; peu à peu le mouvement est revenu au membre supérieur et
à la face, et la paralysie du membre supérieur a été remplacée par de la
contracture.

L'intelligence nous a semblé intacte, et la malade, dont la parole est
très-nette, nous a, à diverses reprises, fourni les détails que nous venons de
rapporter.

Elle a succombé aux progrès de la maladie tuberculeuse, le 4 juillet,
sans que l'on ait observé aucune particularité notable du côté des systèmes
nerveux et musculaire.

A l'autopsie, nous avons trouvé une caverne profonde du sommet droit,
et de nombreuses ulcérations de l'intestin grêle qui avaient été diagnosti-
quées pendant la vie.

Quant à la lésion cérébrale, qui mérite de nous arrêter un peu plus longtemps, nous nous étions contenté d'annoncer qu'elle devait avoir pour siége
le lobe droit de l'encéphale, sans nous prononcer sur sa nature, en écartant
l'idée du tubercule cérébral ou des méninges, à cause de l'ancienneté des
accidents et de leur marche.

Or, après avoir enlevé l'enveloppe osseuse et la dure-mère, l'hémisphère gauche nous a paru sain ; mais à droite, à l'intersection de la scissure de Sylvius par celle de Rolando, et un peu au-dessus, il existe une dépression ayant environ 3 centimètres d'avant en arrière et 5 centimètres dans le sens transversal. A son niveau, les méninges un peu épaissies et moins transparentes que sur les parties saines, n'ont contracté aucune adhérence avec les substances cérébrales.

Pour apprécier dans toute son étendue la lésion de cette dernière, il faut écarter les deux bords de la scissure de Sylvius. Alors on constate les particularités suivantes : les circonvolutions du lobule de l'*insula* ont complétement disparu, et la saillie pyramidale, que, par leur ensemble, elles forment à l'état normal, est remplacée par une surface plane, et même un peu déprimée à son centre. De la troisième circonvolution frontale ou marginale supérieure qui, comme on le sait, circonscrit en haut l'*insula* et constitue le bord supérieur de la scissure de Sylvius, il ne reste, dans une étendue de 2 centimètres, que la partie la plus antérieure, qui s'appuie sur la circonvolution la plus externe du lobule orbitaire. La deuxième circonvolution frontale, presque intacte, est cependant un peu atrophiée à sa base et aussi dans deux points de sa périphérie, l'un voisin de l'extrémité antéro-inférieure, l'autre au niveau de l'un des coudes qu'elle fait dans le voisinage de la circonvolution transverse antérieure. Cette dernière est réduite à une lame très-mince dans toute sa moitié inférieure, la supérieure ayant conservé ses dimensions normales. La transverse postérieure, celle qui, avec la précédente, limite la scissure de Rolando, n'existe que tout à fait en haut, dans une étendue de 3 centimètres environ ; en bas, cela a presque entièrement disparu.

Enfin, la première circonvolution temporale du lobe temporo-sphéroïdal, ou marginale inférieure, qui, comme son nom l'indique, forme le bord inférieur de la scissure de Sylvius, est aussi atrophiée, mais seulement dans sa partie antéro-inférieure, où son épaisseur est réduite de moitié. Dans tous les points malades, la substance cérébrale a une coloration jaune pâle, parfaitement uniforme, avec un certain degré de transparence, d'une consistance un peu plus ferme que dans les parties saines. Comme nous l'avons déjà dit, les méninges, à leur niveau, n'ont contracté aucune adhérence, et les liens vasculaires qui les unissent habituellement à la substance nerveuse n'existent plus. Celle-ci est, en quelque sorte, revenue sur elle-même. Il semble que la partie centrale ait été peu à peu resserrée, et que la couche corticale soit restée intacte, tout en s'affaissant plus ou moins suivant le degré de l'atrophie. Il nous a été impossible de constater, soit un point ramolli, soit une partie ulcérée.

Jusqu'où s'étend, dans la profondeur de l'hémisphère, de la couche optique et du corps strié la lésion cérébrale? C'est ce qu'il nous a été impossible de déceler, n'ayant fait aucune des coupes qui eussent été indispensables à cette recherche. Toutefois, il nous a semblé qu'à la partie postérieure de cette surface plane, vestige de l'*insula* de Reil, une lame mince de la substance dégénérée fermait la cavité du ventricule moyen.

Ce fait est capital dans l'histoire de la localisation qui nous occupe. Contrairement à l'opinion que l'auteur a placée dans le titre de son observation, elle ne saurait renverser la doctrine de M. Broca, puisqu'il avait toujours, au contraire, déclaré avec M. Dax, que les faits montraient les troubles du langage en rapport avec les lésions gauches. Il semblait donc, au contraire, démontrer la vérité de cette doctrine qui était exagérée, puisqu'il est maintenant certain que la faculté du langage peut parfois être abolie par des lésions droites. Le fait de M. Parrot rentre dans la règle générale. Le plus souvent les lésions de la troisième circonvolution frontale du côté droit ne s'accompagnent pas de trouble de la parole.

OBSERVATION XXXV.

Due à M. *Charcot*, publiée par M. *Peter. Gazette hebd.*, 1864, p. 416.

Egris Valentine-Thérèse, âgée de soixante-dix-sept ans, entrée à la Salpêtrière le 21 décembre 1863, sortant de la Pitié, service de M. Marrote, où elle était restée trois mois.

L'intelligence et la mémoire paraissent remarquablement intactes. La malade dit qu'il y a trois mois environ elle a été frappée d'hémiplégie complète gauche ; elle est tombée sans connaissance et est restée dans cet état pendant neuf heures. On l'a transportée à la Pitié, où elle est restée depuis. La parole, gênée d'abord, est bientôt revenue.

Pendant son séjour à la Pitié, ses membres inférieurs et son bras gauche se sont considérablement tuméfiés. Ils présentent encore aujourd'hui une enflure œdémateuse. Ce symptôme a été précédé par une diarrhée qui persiste encore. Depuis un mois, la malade ne retient plus les garde-robes ni les urines ; elle a une plaque gangréneuse au niveau du sacrum.

Il n'y avait *pas d'embarras de la parole*, pas d'oubli ni de substitution de mots dans les discours.

La malade est prise, dans la salle, de pneumonie, et succombe le 3 janvier 1863, à trois heures de l'après-midi.

A l'autopsie, on trouve les lésions suivantes :

Liquide sous-arachnoïdien en quantité considérable ; ramollissement jaune très étendu de la face externe du lobe frontal du côté *droit*, avec atrophie presque complète des circonvolutions. Ce ramollissement porte sur la circonvolution *marginale antérieure*, de la *deuxième* et de la *troisième* circonvolution frontale, qui sont complétement détruites, et sur la partie supérieure du lobule de *l'insula*.

On trouve, au microscope, dans les parties malades, de nombreux corpuscules granuleux, une substance intercellulaire riche en granulations graisseuses, et la plupart des vaisseaux athéromateux.

Pas de lésion des parties centrales ; rien dans les corps striés ni dans les couches optiques, rien dans les ventricules.

Les pédoncules cérébraux présentent une différence de volume et de coloration d'un côté à l'autre. Le pédoncule droit est notablement plus petit que celui du côté gauche et offre une teinte grisâtre. On trouve dans les interstices de ses éléments nerveux un certain nombre de corpuscules granuleux.

La protubérance annulaire est aplatie du même côté, ainsi que la pyramide antérieure, qui diffère de celle du côté gauche autant par sa petitesse que par sa teinte grisâtre, analogue à celle du pédoncule et due également à la présence des corps granuleux.

La partie supérieure de la moelle seule examinée, présente une diminution de volume de la partie latérale gauche, portant spécialement sur les faisceaux antéro-latéraux.

Ce fait de M. Charcot est analogue à celui de M. Parrot. Destruction de la deuxième et de la troisième circonvolution frontale, ainsi que de la marginale antérieure et de la partie supérieure de l'insula, et « pas d'embarras de la parole, » c'est que la lésion était à droite.

OBSERVATION XXXVI.

Publiée dans le *Bull. de la soc. de biol.*, 1863, par M. *Fernet.*

Voici le resumé de ce fait :

Une blanchisseuse nommée Delaporte, quarante-six ans, entre à l'hôpital le 15 février 1863.... Elle a eu cinq enfants, le dernier il y a un an ; elle est encore réglée.

Depuis cinq ou six ans cette femme éprouve des palpitations, et depuis quelques semaines des étourdissements dans la tête qui reviennent à intervalles indéterminés. Six jours avant son entrée elle a perdu subitement connaissance, et quand elle est revenue à elle, elle ne pouvait remuer ni le bras ni la jambe gauches.

Lorsqu'on l'apporte à l'hôpital elle est dans un état de somnolence dont on peut cependant la tirer pour obtenir d'elle quelques renseignements qu'elle donne d'une voix brève. On constate une hémiplégie complète du mouvement, incomplète de la sensibilité du côté gauche ; pas de fourmillements ni de contracture (la malade dit n'en avoir jamais éprouvé) ; hémiplégie faciale incomplète du même côté ; *pas d'embarras de la parole.*

Cette malade offre les signes d'une affection valvulaire du cœur.

Le 20 février, l'abattement et la somnolence ont persisté ; l'intelligence n'est pas altérée, et la malade continue à répondre bien aux questions. Gangrène des membres inférieurs par embolie probable. L'état général va s'aggravant. Mort le 12 mars.

Autopsie. Orifice auriculo-ventriculaire très-rétréci, valvules très-altérées. Caillot ancien avec fibrine puriforme à l'intérieur de l'oreillette gauche.... Au niveau de la crosse aortique caillot fibrineux ancien adhérent à une plaque de dégénérescence athéromateuse peu avancée qui siége en ce point seulement. — Caillot ancien dans l'artère iliaque primitive gauche.... L'iliaque et la crurale contiennent plusieurs concrétions fibrineuses non récentes....

L'artère carotide droite est athéromateuse au niveau du sinus caverneux. L'artère cérébrale moyenne, dès son origine, est oblitérée par un caillot qui mesure deux centimètres de longueur; le caillot est jaunâtre, dense, de formation ancienne; il adhère aux parois de l'artère, dont on a quelque peine à le détacher.

Le lobe *antérieur droit* du cerveau, *dans sa totalité*, est ramolli; quelques parties mêmes sont à ce point diffluentes qu'elles s'écoulent lorsqu'on enlève le cerveau de la cavité crânienne. Tout le lobe ramolli est jaunâtre et représente parfaitement ce que M. Lancereaux[1] a décrit comme deuxième degré du ramollissement cérébral par oblitération artérielle. *Les autres parties de l'encéphale sont parfaitement saines.*

La troisième circonvolution frontale droite était complétement détruite ainsi que M. Fernet l'a déclaré à M. Trousseau qui le répète dans sa clinique. Le lobe de l'insula était sain.

Ce fait ne détruit pas plus que celui de M. Parrot le principe de la localisation du langage articulé dans la troisième frontale, puisque ici la lésion siége à droite et que MM. Broca et Dax ont spécifié le côté gauche comme étant sinon exclusivement, du moins principalement le siége de la faculté qui nous occupe.

En revanche, il conserve toute sa valeur, et elle est grande, si on l'oppose à M. Bouillaud, puisqu'avec cette destruction d'un lobe frontal à peu près en entier, « il n'y a pas d'embarras de la parole. »

1. *De la thrombose et de l'embolie cérébrales.* Thèse de Paris, 1862.

OBSERVATION XXXVII.

Publiée par M. *Pelvet. Bull. de la soc. anat.*, 1864, p. 502.

M. Pelvet met sous les yeux de la société le cerveau d'un homme qui était atteint d'aphasie.

Le malade âgé de cinquante-six ans s'était réveillé un matin paralysé de tout le côté droit du corps. La paralysie n'a duré que deux jours; mais la perte de la parole persista. L'intelligence et la mémoire étaient intactes; cet homme ne pouvait prononcer que certains mots et certaines lettres.

A l'autopsie on a trouvé dans l'hémisphère cérébral gauche un ancien foyer apoplectique qui siégeait sur les côtés externes du corps strié. Ses limites n'ont pu être précisées, mais il paraissait s'étendre vers la partie antérieure du lobe frontal.

On a argué de ce fait contre M. Broca; mais pour le faire à bon droit, il faudrait avoir précisé les limites du foyer apoplectique, et, de plus, noter l'état de la troisième circonvolution.

OBSERVATION XXXVIII.

De M. *Magnan* (publiée dans la thèse de M. le Dʳ Vivent, 1865.)

C....., marchand de vins, entre le 15 septembre 1864. — Aphasie, hémiplégie droite.

Ne peut dire ni son âge, ni son nom; répond par monosyllabes; fait des efforts pour trouver les mots, sans pouvoir y parvenir.

Il y a sept ans, il a eu une attaque d'apoplexie subite; perte de connaissance; reste paralysé du côté droit et *peut à peine parler*; peu à peu son affaiblissement du côté droit diminue, et *la parole revient*. Depuis trois ans, augmentation des symptômes aphasiques ; il paraît comprendre, mais ne peut répondre; il a un embonpoint considérable depuis trois ans.

22 novembre. Céphalalgie, constipation, purgatif aidé par un lavement purgatif; dyspnée, cyanose, gêne progressivement plus forte.

Autopsie. — Cœur gros; poumons emphysémateux (inversion); en arrière, foyer central à l'emporte-pièce, celluleux, dans le lobe occipital, gauche; pleurs faciles.

N. B. — Pendant trois ans cet homme avait pu vaquer à son commerce et continuer ses affaires. — Cinquante-deux ans.

M. Vivent tient cette observation de l'obligeance de M. Magnan. La note publiée sur ce fait, dans les bulletins de la Société anatomique de 1864, p. 510, est incomplète, mais nous y trouvons un renseignement capital qui détruit, selon nous, toute la valeur infirmative de cette observation; il y est dit que « trois ans avant sa mort, ce malade, à la suite de divers phénomènes congestifs, fut pris de *démence*, et cet état a persisté jusqu'à la mort. » Or, c'est précisément depuis trois ans que le langage a été de nouveau lésé, et il est bien clair que la démence explique ce fait. Avant que la démence se manifestât, la parole et le mouvement étaient revenus peu à peu, par conséquent, l'organe du langage, s'il en est un, n'était pas profondément lésé, et on n'a pas le droit d'exiger une grosse lésion.

OBSERVATION XXXIX.

Publiée par M. *Cornil* (*Gazette médicale*, 1864, p. 534.)

Jiraudon (Joseph) trente et un ans, journalier, entre à Lariboisière, service de M. Herard, le 16 février 1864. Il est incapable de donner des renseignements tant soit peu suivis sur son état antérieur, car toutes les fois qu'il essaye de parler, il ne prononce, malgré ses efforts, que des mots mal articulés, il bégaye et laisse sa phrase inachevée pour en commencer une autre également inintelligible.

Tout ce que nous avons pu recueillir en fait d'antécédents par l'infirmier qui a causé avec les personnes qui l'ont accompagné, c'est qu'il était malade depuis environ quatre mois, que son état a empiré depuis 15 jours, et que hier matin en venant de Saint-Denis pour se faire recevoir à l'hôpital à Paris, il fut pris subitement en chemin de fer, sans perte de connaissance de cet embarras de la parole qu'il conserve encore et dont il paraît très-affecté.

État actuel. — La face est légèrement animée et couverte de sueur, n'offrant rien autre de particulier à noter. La température de la peau est peu élevée, son pouls est régulier et n'indique qu'un peu de fréquence; la langue est couverte d'un enduit brunâtre, elle ne présente aucune déviation et jouit librement de tous ses mouvements; la bouche est mauvaise, le malade éprouve de la soif, mais il n'a pas complétement perdu l'appétit, il n'y a pas de nausées, ni de vomissements. L'aspect du ventre n'offre rien à noter, la pression y révèle seulement un peu de douleur; depuis quelque temps le malade paraît avoir deux à trois selles diarrhéiques par jour. Il n'y a rien à noter du côté de la vue et de l'ouïe; les mouvements et la force musculaire sont parfaits, autant que sa faiblesse due à sa maladie générale peut le permettre; mais la sensibilité cutanée fait défaut à tout le côté droit jusqu'à peu de distance de la ligne médiane. Le malade est insensible de ce côté aux piqûres d'épingle, et n'apprécie nullement la température ni la forme des corps avec lesquels on met sa main en rapport. La sensibilité musculaire paraît intacte, le malade accusant de la douleur lorsqu'on presse un peu fortement ses masses musculaires. Il a le sentiment de l'attitude dans laquelle on place son membre en lui fermant les yeux, et il se sert parfaitement de son membre insensible pour boire; sa marche paraît n'offrir rien d'anormal; il sent le sol sous ses pieds.

Il porte un vésicatoire au bras droit.

L'examen de la poitrine révèle des lésions avancées de tuberculisation pulmonaire....

Son intelligence, malgré l'embarras de la parole et l'impossibilité qu'il éprouve d'exprimer ses idées, paraît intacte; il ne sait ni lire ni écrire, mais par des signes et des mots inarticulés qu'il prononce, il répond affirmativement ou négativement, et à propos, sur les questions qu'on lui adresse.

Trois ou quatre jours après son entrée, on commence à constater une amélioration sensible au point de vue de la parole et de la sensibilité cutanée qui commence à revenir par le membre inférieur. Depuis cette époque jusqu'au 24 avril, jour de la mort survenue par les progrès de la tuberculisation pulmonaire, le malade avait recouvré peu à peu complétement la parole et la sensibilité, sauf un léger bégayement qu'il conservait encore, et une sensibilité obtuse qu'il conservait sur une plaque cicatricielle qu'il portait à l'avant-bras droit.

Nécropsie faite le 26 avril 1864.

Cœur sain. — Adhérence des *plèvres* des deux côtés, exsudation fibrineuse, en forme de langue de chat, sur la plèvre du lobe inférieur du poumon droit. — *Poumons*. Caverne aux deux lobes supérieurs communiquant directement avec les bronches. — *Foie*. Adhérences anciennes; à la coupe, la périphérie des lobules paraît grise et leur centre rouge. — *Reins* assez gros, mous ; la substance corticale, dont la surface est lisse, présente à la coupe une coloration grisâtre opaque. *Rate* normale. — *Intestin*. Ulcérations arrondies, possédant à leur centre et à leurs bords des granulations tuberculeuses à la surface péritonéale correspondante.

Crâne mince ; dure-mère saine, pie-mère œdémateuse, surtout au niveau de l'endroit ramolli ; elle se détache aisément.

Après avoir enlevé la pie-mère et constaté que les circonvolutions du lobe frontal ont leur consistance et leur coloration normales, ainsi que la scissure de Sylvius et l'insula de Reil, on voit que la deuxième des circonvolutions du lobe postérieur gauche, qui naît de la circonvolution postérieure du sillon de Rolando, présente une plaque d'environ douze centimètres carrés, déprimée, de coloration jaunâtre, opaque à sa surface. On voit en outre sur cette surface, qui est lisse et polie, de petites arborisations vasculaires injectées. La consistance de cette partie est molle, tremblotante, comme de la gélatine ; la pie-mère n'y adhère pas, et lorsqu'on en fait une coupe on apprécie le ramollissement du tissu qui la forme. Au-dessous de la couche superficielle, qui est jaunâtre, comme il vient d'être dit, et qui représente le vestige de la substance grise corticale des circonvolutions, se trouve un tissu mou, parfaitement blanc, ramolli, d'une étendue de près d'un centimètre.

Lorsqu'on fait une préparation microscopique de cette portion du cerveau, on peut enlever un lambeau de la portion jaunâtre corticale qui se détache facilement du tissu sous-jacent ; cette membrane, portée sur la lame de verre, donne, quand on la prépare, un liquide laiteux comme une émulsion, et opaque, qui est uniquement constitué par des granulations graisseuses, les unes libres, les autres réunies sous forme de corpuscules granuleux. La membrane tout entière présente un substratum composé de vaisseaux, les uns injectés, les autres vides, ces derniers couverts de corpuscules granuleux.

Dans la partie blanche sous-jacente, l'examen microscopique démontre des cellules nerveuses et des tubes nerveux, des gouttelettes de substance médullaire et une grande quantité de granulations graisseuses, libres ou réunies sous forme de corpuscules granuleux.

Rien dans tout le reste du cerveau, examiné partout sur des tranches minces. Pas de tubercules ni dans la substance cérébrale, ni dans la pie-mère qui accompagne les vaisseaux de la scissure de Sylvius.

En vérité, il est bien extraordinaire qu'on ait accordé de la valeur à ce fait contre les doctrines de MM. Bouillaud et Broca ; voilà un malade qui a une aphasie transitoire, fugace, *qui, après trois jours, a offert une amélioration sensible* et a disparu « peu à peu complétement, » de telle sorte qu'elle n'existait plus deux mois après quand ce malade est mort, et on vient citer ce fait comme un exemple d'aphasie sans lésion des lobes frontaux et due à une lésion du lobe postérieur ! Mais il est évident, comme M. Bouillaud l'a fait remarquer à M. Trousseau, qui citait ce fait parmi les quatre plus probants qu'il connût [1] ; il est évident qu'on n'a pas le droit d'attribuer à la lésion présente au moment de l'autopsie, l'aphasie qui n'existait plus pendant la vie ; si la portion trouvée lésée à l'autopsie eût régi le langage, le langage n'eût pas été troublé d'une façon fugace. Ce fait nous paraît extrêmement important. En réalité, il prouve précisément qu'il faut désormais être très-sévère pour les faits de lésion cérébrale ailleurs que dans la région où les recherches cliniques de ces dernières années ont signalé le siége de la faculté du langage. Si, en effet, le malade de M. Cornil fût mort

1. *Bulletin Acad. de méd.*, 1865, p. 732.

dans les premiers jours, alors qu'il était un type d'aphasie ayant conservé son intelligence, l'autopsie révélait une lésion du lobe postérieur, la région de la troisième frontale paraissait intacte, et on tirait grand parti de ce fait. C'est que des lésions peu ou point sensibles à nos moyens de recherches peuvent, dans les centres nerveux, amener des lésions fonctionnelles.

Nous devons ajouter, quant à l'auteur de l'observation, qu'elle lui paraissait beaucoup moins prouver que ceux qui l'ont mise en avant ne l'ont pensé.

OBSERVATION XL.

De M. *Vulpian*, publiée dans la Clinique de M. Trousseau, t. II, p. 601.

Une femme âgée de soixante-treize ans entre à l'infirmerie de la Salpêtrière le 15 décemdre 1863. Cette femme est sans fièvre et ne paraît présenter aucune affection des organes thoraciques ou abdominaux ; elle ne parle pas ; tous les efforts pour lui faire dire un mot, quel qu'il soit, sont inutiles. Elle paraît comprendre ce qu'on lui dit, elle cherche à répondre ; mais pour toute réponse elle fait entendre, et très-rarement, un bredouillement inintelligible ; le plus souvent elle demeure complétement aphone. Pas de paralysie des membres, ni de la face, ni de la langue ; elle serre assez fort et également des deux mains ; elle marche seule ; mais lentement et en piétinant, sans traîner ni l'une ni l'autre jambe ; pas d'actes extravagants.

Pendant une dizaine de jours, il n'y a aucun changement dans son état. Elle est évidemment *très-peu intelligente*. Elle fait cependant d'une façon juste les signes d'affirmation ou de dénégation avec la tête. Quant à la mimique, bien qu'expressive, elle est loin d'avoir la clarté qu'y mettrait une personne jouissant de sa pleine intelligence.

Une fois seulement la malade a dit : *oui, oui, monsieur*, mais il n'a pas été possible de lui faire redire ces mots les jours suivants.

Dix jours après son entrée, on s'aperçoit un matin, après une nuit où la malade avait été plus affaissée que de coutume, que les membres du côté droit, dont elle se servait encore la veille, sont à demi paralysés. Le lendemain, la paralysie de ces membres est complète. Quelques jours après, la face est un peu déviée (commissure gauche un peu tirée sur l'oreille); il y a une légère tendance à la contracture dans le bras paralysé. On ne constate, d'ailleurs, aucun changement notable dans l'état intellectuel relativement à la parole. Cependant, quand on l'interroge, cette femme ne fait même plus entendre son bredouillement habituel. Un mois après son entrée, pneumonie du côté droit. Mort au bout de six jours. On avait demandé des renseignements aux personnes de la salle dans laquelle se trouvait cette malade avant son entrée à l'infirmerie. Ceux que l'on avait recueillis s'accordaient tous pour apprendre que la malade ne parlait pas dès son arrivée à la Salpêtrière. Une voisine, se disant plus instruite, affirmait que l'abolition de la parole avait eu lieu trois ans avant l'entrée de la malade à l'infirmerie. Aussi M. Vulpian n'avait pas hésité à considérer cette femme comme un type d'aphasie, d'autant plus remarquable que ce symptôme avait existé d'abord sans hémiplégie, et qu'il était survenu à la fin une hémiplégie du côté droit.

L'autopsie ne montra pas la lésion à laquelle M. Vulpian s'attendait. Il trouva un vaste ramollissement, paraissant récent, dans la moitié postérieure du noyau blanc sus-ventriculaire de l'hémisphère cérébral gauche. Il n'y avait pas le moindre indice d'une lésion quelconque dans les circonvolutions frontales ou autres. On découvrit d'anciennes lésions peu étendues (lacune), dans le corps strié et la couche optique du même côté, et une lésion analogue, moins étendue encore, tout aussi ancienne, dans le corps strié du côté droit.

C'était donc là, en apparence du moins, dit M. Vulpian, un fait qui sortait de la règle, et l'on pouvait, en attribuant une date un peu ancienne au ramollissement (il y avait une partie centrale du ramollissement qui datait certainement d'un peu plus loin que le reste), rattacher l'aphasie à cette lésion. Et c'eût été un cas d'aphasie produite par une lésion des parties postérieures de l'hémisphère.

Heureusement, en cherchant bien, je retrouvai une note prise sur cette femme six mois auparavant, à une époque où elle avait déjà fait un court séjour dans une de mes salles (elle y était restée neuf jours). Or, je

fus mieux renseigné par cette note que par les voisines et les personnes de
service. Cette femme parlait alors ; elle disait ou pouvait dire toute espèce
de mots. Elle savait demander tout ce dont elle avait besoin, converser
même quelque peu avec d'autres malades. Mais il est très-réel qu'elle parlait
très-peu, avec une sorte de difficulté pour trouver les mots. La parole était
paresseuse lorsqu'il fallait dire une phrase. Au contraire, lorsqu'il s'agissait de dire *oui* ou *non*, les mots suivants partaient comme par un mouvement de détente : *oui, monsieur, oui ; non, monsieur, non*. Elle ne disait
jamais *oui* ou *non* d'une autre façon, à moins qu'on n'insistât à plusieurs
reprises.

D'ailleurs, elle ne présentait aucune paralysie, ni de la face, ni des yeux,
ni de la langue, ni des membres, elle avait déjà pourtant de l'affaiblissement
des membres inférieurs. Elle put, à cette époque, nous apprendre que sa
parole avait commencé à devenir difficile trois mois auparavant, à la suite
d'étourdissements répétés pendant plusieurs jours. Depuis lors, de temps à
autre, elle était reprise d'étourdissements, et la parole devenait plus
embarrassée.

Voilà donc l'observation dernière qui change de caractère jusqu'à un
certain point et qui perd beaucoup de sa signification infirmative.

Nous croyons, avec M. Vulpian, que ce cas n'infirme pas la doctrine localisatrice de M. Broca ; évidemment la malade était aphasique par hébétude ; il déclare d'ailleurs qu'elle était très-peu intelligente ; les poussées congestives réitérées dont elle se plaignait et à
la suite desquelles la parole devenait plus embarrassée, expliquent
suffisamment comment son intelligence a pu baisser à ce point.
Tout le monde n'a pas été de l'avis de M. Vulpian sur le peu de
valeur de son fait ; M. Trousseau, entre autres, l'a considéré
comme important.

OBSERVATION XLI.

Recueillie par l'auteur de cette thèse et par M. Bozonet.

Forgeot, soixante-huit ans, mort le 23 février 1865 à Bicêtre dans le service de M. Léger. Ce malade était atteint d'hémiplégie droite incomplète. Son intelligence était presque saine ; tous les sens examinés successivement ont paru intacts. Ce malade essaye de répondre à chaque question qu'on lui adresse ; mais il est incapable d'articuler quelques mots suivis ; il a un bredouillement très-marqué. On nous dit qu'antérieurement il avait perdu complétement la parole qui est revenue peu à peu de façon à être ce que nous la trouvons. Il prononce quelques syllabes d'un mot, parfois cependant des mots entiers. Il comprend très-bien tout ce qu'on lui demande. Il a de la gêne dans la déglutition. Il meurt asphyxié par de l'huile de ricin qui avait pénétré dans les bronches.

L'*autopsie* a révélé chez lui une lésion de la corne occipitale postérieure de l'hémisphère droit, superficiellement placée. C'est un ramollissement pulpeux, jaunâtre, de l'étendue d'une pièce de deux francs. Rien d'appréciable sur les circonvolutions frontales, sur la troisième en particulier.

La pyramide antérieure du bulbe, du côté gauche, a à peu près complétement disparu ; il en reste un cinquième environ, à la partie interne de l'olive. L'olive est mise à nu et fait un relief beaucoup plus considérable qu'à l'état normal. Ce qui reste de cette pyramide est formé par une lamelle sous forme de cordon longitudinal, large de trois millimètres au plus, gélatineux, jaunâtre. Toute la partie antérieure du bulbe offre une consistance moindre qu'à l'état normal ; cela est surtout sensible sur les limites de la bandelette pulpeuse qui représente la pyramide gauche et sur l'olive droite.

L'épendyme qui tapisse le plancher du quatrième ventricule est couvert d'un grand nombre de granulations blanches, qui masquent les origines des barbes du calamus. Au niveau du point où les pyramides plongent dans la protubérance, le relief normal de ces pyramides est bien moindre à gauche, il est environ le quart de ce qu'il est à droite. La protubérance est notablement moins convexe à gauche.

Les méninges n'étaient pas adhérentes aux circonvolutions cérébrales.

Chez ce malade, les troubles de la parole étaient vraisemblablement causés par la lésion du bulbe qui siégeait précisément au niveau des origines de l'hypoglosse. Aussi y avait-il gêne dans la déglutition. Je regrette que cette note ne soit pas plus développée, ce malade se rapproche de ceux invoqués par M. Jaccond, à l'appui de ses idées sur le rôle des olives dans la coordination des sons.

OBSERVATION XLII.

Publiée dans divers journaux et notamment dans une lettre de M. *Charcot* à la *Gazette hebdomadaire*, 1863, p. 473.

Il s'agit d'une femme âgée de quarante-sept ans, frappée subitement d'apoplexie, il y a huit mois environ, et devenue, par suite, à la fois hémiplégique et aphémique. L'hémiplégie complète et accompagnée de roideur des membres paralysés occupait le côté droit du corps ; du même côté, il y avait paralysie faciale incomplète : la sensibilité s'était conservée à peu près intacte sur toutes les parties paralysées du mouvement. Chez cette femme, le langage articulé n'était plus représenté que par le monosyllabe ta, qu'elle répétait habituellement, très-rapidement, très-distinctement, et quatre ou cinq fois de suite (*ta*, *ta*, *ta*, *ta*), toutes les fois qu'elle s'efforçait, soit de répondre à une question qui lui avait été adressée, soit de communiquer ses propres idées. La langue, d'ailleurs, était libre ; la malade pouvait la tirer hors de la bouche et la mouvoir avec facilité à droite, à gauche, et, en un mot, dans toutes les directions qu'on lui indiquait. — Du côté non paralysé, les traits du visage, l'œil surtout, étaient très-expressifs. L'intelligence était certainement conservée, au moins pour une bonne partie. En effet, à l'aide de certains gestes qu'elle exécutait avec le bras et la main gauches, cette malheureuse infirme parvenait à faire connaître aux personnes du service ses moindres besoins, à spécifier, par exemple, le genre d'aliments qu'elle désirait obtenir. Le jour de son entrée à l'hospice, entre autres, elle put, grâce à une mimique très-animée, nous faire comprendre que déjà, à une autre époque, elle avait séjourné à la Salpêtrière, dans une salle autre que celle qu'elle occupait actuellement, et indiquer enfin qu'elle reconnaissait, pour les y avoir vues, plusieurs des personnes qui l'entouraient, toutes choses qui furent reconnues parfaitement exactes. La malade qui, pendant les deux derniers mois de sa vie, avait présenté tous les symptômes de la néphrite albumineuse, succomba tout à coup à la suite de convulsions urémiques.

L'examen de l'encéphale fut fait avec le plus grand soin, en présence de M. le docteur Broca et de M. Cornil, interne du service. Il ne sera question que de l'hémisphère cérébral gauche qui, seul, présentait des altérations. Sur cet hémisphère, une large plaque de ramollissement jaune occupait le fond de la scissure de Sylvius et son bord postérieur. Le ramollissement avait détruit : 1° sur le lobe temporal, la circonvolution dite marginale inférieure dans toute son étendue, et en partie seulement la seconde circonvolution temporale ; 2° sur l'*insula* de Reil, l'extrémité inférieure, et dans toute leur étendue les deux circonvolutions postérieures de ce lobule. En profondeur, le ramollissement s'étendait dans la direction du corps strié ; le noyau extra-ventriculaire du corps strié tout entier et le noyau intra-ventriculaire, dans sa moitié postérieure seulement, étaient envahis par le ramollissement. La couche optique était restée intacte. *Les circonvolutions pariétales transverse et frontale transverse, les trois circonvolutions frontales antéro-postérieures, désignées sous le nom de première, deuxième et troisième circonvolutions frontales, furent examinées dans toute leur étendue, une à une et avec la plus grande attention. Ces diverses circonvolutions ne présentèrent à l'œil nu aucune altération appréciable, soit dans le volume, soit dans la couleur ou la consistance.* Elles étaient, d'ailleurs, séparées du foyer de ramollissement par des parties de substance nerveuse qui parurent être à l'état sain. La pièce anatomique a été mise sous les yeux des membres de la Société de biologie, qui ont constaté toutes les particularités qui viennent d'être indiquées.

En désespoir de cause, de minces fragments de substance nerveuse, pris sur divers points de la troisième circonvolution, furent portés sous le microscope : les éléments nerveux en général n'avaient pas subi d'altération ; toutefois, çà et là, on rencontrait quelques corps granuleux (deux ou trois seulement tout au plus pour chaque préparation). Plusieurs vaisseaux capillaires avaient subi à un faible degré la dégénération graisseuse. Ces altérations, d'ailleurs peu prononcées, existaient sur toutes les parties de l'hémisphère cérébral qui avoisinaient le foyer de ramollissement.

...... M. le docteur Auburtin[1] s'exprime comme il suit : « Pour mon compte, je suis prêt à considérer comme complétement erroné ce point de physiologie *que le centre cérébral qui préside aux mouvements de coordination de la parole a son siège dans les lobes antérieurs du cerveau,* si l'on peut reproduire une seule observation relative à un malade qui, ayant été privé de l'usage de la parole, ait présenté les lobes antérieurs dans un état d'intégrité complet en les examinant par circonvolutions. »

J'ignore si les faits contenus dans mon observation pourront modifier l'opinion si nettement exprimée par M. le docteur Auburtin. Pour mon compte, je ne puis me résoudre à admettre que les quelques altérations révélées par le microscope dans la substance nerveuse de la troisième circonvolution suffisent pour expliquer un état d'aphémie très-prononcé tel qu'il existait chez ma malade. On en rencontre très-souvent d'analogues dans le cerveau, qui ne sont traduites par aucun symptôme appréciable, et je me vois réduit à conclure que le siége de l'organe central du langage articulé, — si toutefois il existe un tel organe, — reste encore à déterminer.

Ce fait mérite l'importance qu'on y a attachée, et il a fourni le principal argument des adversaires de la localisation de la faculté du langage dans les lobes antérieurs, et en particulier dans la troisième circonvolution frontale. La malade de M. Charcot était un exemple remarquable d'aphasie, et pourtant la troisième circonvolution frontale était saine dans les deux hémisphères. On ne peut, en effet, considérer sérieusement comme une lésion suffisante deux ou trois corps granuleux dans chaque préparation microscopique du tissu de la troisième circonvolution frontale gauche. Ainsi que le dit M. Charcot, on en rencontre très-souvent d'analogues dans le cerveau, qui ne sont traduites par aucun symptôme appréciable.

1. *Gazette hebdomadaire,* 1863, p. 351.

L'*aphasie* de cette malade était *type*, et il est presque puéril de vouloir l'attribuer à une lésion si minime qu'elle mérite à peine ce nom. Nous nous rangeons complétement sur ce point à l'avis de M. Charcot, si expert en fait de préparations microscopiques. Il avait raison de conclure que « le siége de l'organe central du langage articulé restait encore à *déterminer*; » les limites de cet organe étaient en effet trop restreintes par la localisation de M. Broca, et sans contester le rôle qu'il a reconnu à la moitié postérieure de la troisième circonvolution frontale, il faut bien compter avec le fait de M. Charcot. Sa malade était une aphasique complète; il faut donc trouver dans le ramollissement limité que présentait son cerveau une lésion de l'organe de la parole. Or, les seules circonvolutions lésées étaient la circonvolution marginale inférieure dans toute son étendue, une partie de la deuxième temporale, et la moitié postérieure de l'*insula*. Faut-il porter plus en arrière la limite postérieure de l'organe du langage sur la grande circonvolution d'enceinte? La lèvre inférieure fait-elle partie de cet organe comme la moitié antérieure de la lèvre supérieure? Est-ce dans l'*insula* qu'il faut trouver la cause de l'aphasie de la malade de M. Charcot? Ce sont des questions qu'il devient indispensable de se poser et qui nécessitent des recherches nouvelles dans ce sens.

OBSERVATION XLIII.

Recueillie par l'auteur de cette thèse et par M. *Bozonet*.

Brierre, Pierre, soixante ans, sourd-muet, employé à Bicêtre au nettoyage de la vaisselle, entre à l'infirmerie, service de M. Léger, le 26 janvier 1865 avec des symptômes d'hémorragie cérébrale, il meurt quelques heures après. A l'*autopsie* congestion très-intense du foie, de la rate, des reins et des poumons. L'aorte est légèrement athéromateuse.

Crâne. — Les méninges sont congestionnées. Le cerveau, le cervelet et le bulbe pèsent ensemble 1620 grammes; le cerveau est en effet très-volumineux, ses circonvolutions sont très-belles. En enlevant les méninges, nous constatons qu'elles sont légèrement épaissies et qu'elles offrent çà et là quelques adhérences, notamment sur la face interne des hémisphères.

Hémisphère gauche. L'enlèvement des méninges fait avec précaution, a produit une ulcération sur la circonvolution de l'ourlet. Petites ulcérations sur les trois circonvolutions frontales antérieures, la troisième en particulier en présente une à sa partie moyenne, dans une étendue de un centimètre. Sur le lobe sphénoïdal les membranes se détachent bien.

Hémisphère droit. Les méninges sont peu épaisses, peu adhérentes. Ulcération superficielle de la circonvolution de l'ourlet. A la face inférieure du cerveau les méninges sont normales, non adhérentes. Toutes ces circonvolutions sont parfaitement développées ; la troisième frontale en particulier est normale.

En écartant les lèvres de la scissure de Sylvius des deux côtés, on constate que *l'insula* de Reil est atrophié.

Insula gauche. — Il n'est nullement adhérent aux méninges, nullement ramolli ; mais il est considérablement amoindri ; ses circonvolutions n'existent pas. La postérieure seule existe et est normale. Le reste de l'insula est représenté par une surface plane, d'une coloration grise beaucoup moindre que celle des circonvolutions normales ; c'est à peine s'il y a une mince pellicule de substance grise. Cette surface plane est néanmoins légèrement ondulée transversalement et offre ainsi les rudiments des cinq circonvolutions. La largeur de cet insula, mesurée exactement, est moitié moindre que celle de l'insula sain.

Insula droit. — *Comme le gauche il n'est nullement adhérent aux méninges nullement ramolli.* Il présente des dimensions normales, on voit les cinq circonvolutions de son éventail, nettement. Pourtant elles sont affaissées et séparées par des sillons plus superficiels qu'à l'ordinaire. Cet examen a été fait en ayant sous les yeux deux cerveaux sains. Les particularités que nous signalons étaient très-évidentes et ont été constatées par plusieurs de nos collègues de Bicêtre.

Nous n'avons rien noté de spécial dans les circonvolutions marginales. En faisant des coupes nous avons trouvé une hémorragie qui s'était répandue dans les deux ventricules latéraux, mais paraissait avoir son origine à la partie postérieure du corps strié droit.

Nerfs auditifs. — Leurs racines latérales sont saines, les racines postérieures font complétement défaut. Le plancher du quatrième ventricule n'offre pas trace de *barbes du calamus*.

Le quatrième ventricule contient un caillot du volume d'une petite noisette. Il existe une petite hémorragie à la face inférieure de l'aqueduc de Sylvius et une petite dans la protubérance.

La sœur de Brierre est sourde-muette.

Nous publions ce fait ici à cause de l'atrophie très-notable de l'insula de Reil que nous avons trouvée chez ce sourd-muet; les autres circonvolutions, y compris la troisième frontale, n'offraient rien d'anormal au point de vue de leur volume. Ne se pourrait-il pas que l'*insula*, en regard duquel la clinique a montré si souvent des lésions, coïncidant avec les troubles du langage, ait un rôle important dans cette faculté, c'est ce que nous sommes porté à croire. Nous regrettons de n'avoir pas eu occasion de faire de nouvelle autopsie de sourd-muet. Il est au moins curieux de trouver chez notre malade, encore du côté gauche, la lésion la plus notable. Il nous paraît intéressant d'examiner attentivement l'état de la circonvolution d'enceinte de la scissure de Sylvius, et au fond de cette scissure l'état de l'*insula* chez les sujets privés congénialement de la faculté du langage articulé.

II

La doctrine de M. Broca nous paraît établie sur un assez grand nombre de faits bien observés pour que désormais elle ait conquis le droit de se tenir sur la défensive. C'est à ses adversaires de produire des faits pour la combattre, et ces faits ne peuvent l'atteindre s'ils ne sont observés avec rigueur et à l'abri de tout reproche ; l'expérience a appris à cette doctrine qu'elle avait à empêcher l'entrée dans le commerce de la science des pseudo-faits qui sont la fausse monnaie des sciences d'observation. Dans la question spéciale, au sein de laquelle nous avons cherché à pénétrer, il est aisé à l'observateur de faillir ; ici plus qu'ailleurs, en effet, *difficillima est observatio*. Sans parler des difficultés d'analyse clinique, inhérentes à l'étude de phénomènes aussi complexes que les troubles des facultés intellectuelles, l'examen des lésions et leur description exacte est la partie où l'inexactitude se glisse le plus aisément. La connaissance des circonvolutions est encore peu répandue ; plusieurs fois nous avons vu commettre des méprises, même par des hommes experts, dans l'étude du système nerveux ; on cherche telle circonvolution là où elle n'est pas. Il est pourtant indispensable d'avoir étudié ce petit point d'anatomie descriptive si l'on veut être à même de décrire les lésions observées. Les lésions du système nerveux sont parfois si délicates à analyser qu'il faut une grande habitude pour les distinguer. M. Broca disait en 1863 à la société anatomique[1] qu'il lui était arrivé déjà trois fois de trouver des lésions qui avaient échappé

1. *Bulletin*, p. 300.

à d'autres dans les circonvolutions frontales, et vers la même époque il racontait dans une autre société le fait assez piquant qui lui était arrivé à l'Hôtel-Dieu et que nous rapportons à la suite de notre observation XXVII.

L'analyse succincte que nous avons faite ici des principaux faits allégués contre la localisation en question, nous a permis de relever plusieurs erreurs matérielles et plusieurs erreurs d'interprétation ; c'est ainsi que les faits précisément les plus considérables se sont trouvés ou absolument faux ou évidemment mal interprétés ; d'autres sont devenus de simples difficultés.

La doctrine de M. Bouillaud, en tant qu'elle repousse la possibilité d'une lésion étendue des deux lobes frontaux, sans trouble de langage articulé, nous paraît profondément ébranlée par quelques faits qui nous semblent hors de contestation. Nous en avons analysé plusieurs, nous les croyons démonstratifs : un seul fait, d'ailleurs, suffisait.

Mais cette doctrine a engendré une fille, la doctrine de M. Broca, et aujourd'hui, nous devons le dire, l'ensemble des faits paraît la confirmer ; quelques-uns pourtant semblent indiquer que les limites de l'organe où M. Broca localise la faculté spéciale du langage articulé, ne sont peut-être pas définitivement arrêtées. M. Broca est un homme de progrès ; il a été plusieurs fois le premier à déclarer qu'il modifiait son opinion, et en cela il a simplement accepté ce que de nouveaux faits venaient montrer. Ce n'est pas lui qui résistera si, après avoir restreint considérablement l'étendue de l'organe du langage, il faut faire un pas en arrière. Toutefois, avant d'en venir là, il faut des faits nouveaux.

La doctrine de M. Dax a eu la bonne fortune, comme celle de M. Broca, de recevoir une éclatante confirmation des observations publiées depuis, et c'est un des faits les plus curieux et les plus inattendus que celui qu'elle met en lumière. Arrêtons-nous y un instant.

La statistique des cas d'aphasie faite au point de vue du côté lésé

a montré une prédominance considérable du côté gauche. M. Trousseau a trouvé 135 cas de lésion gauche, 10 seulement de lésion
droite. L'an dernier, M. Magnan faisant cette statistique pour
Bicêtre et la Salpêtrière, a compté 30 cas sur 31 favorables à la
doctrine de M. Dax ; le dernier était hémiplégique des deux côtés,
par conséquent, n'est pas contraire. Au total donc, sur 16 cas
d'aphasie il y en a 1 produit par une lésion droite.

Or cela ne peut s'expliquer par une prédilection des lésions pour
l'hémisphère gauche ; MM. Charcot et Vulpian ont trouvé, à la Salpêtrière, 58 hémiplégies droites, 52 gauches. Pour le ramollissement en particulier, cause la plus ordinaire des lésions de la faculté
du langage, M. Andral a constaté que l'hémisphère droit seul était
lésé 73 fois, le gauche 63 ; les deux en même temps 33.

De ces faits il résulte qu'il est indubitable que l'hémisphère
gauche est plus en rapport que le droit avec la faculté qui nous
occupe. De plus, les faits établissent qu'il est ordinaire que la lésion
à droite de la moitié postérieure de la troisième circonvolution
n'entraîne pas le trouble du langage, tandis qu'à gauche ce trouble
est la règle. Ainsi qu'on l'a remarqué, la plupart des hommes semblent être gauchers du cerveau en ce qui concerne la parole, comme
ils sont droitiers de leurs membres chez tous les peuples. Mais, de
même qu'il y a des gens chez qui le côté gauche du corps est le plus
habile ; il y a des hommes, 1 sur 16 peut-être, qui sont droitiers
du cerveau pour le langage. Qu'il arrive chez eux que leur troisième circonvolution gauche soit lésée, ils pourrront continuer à
parler. Ce fait est peut-être en rapport avec l'observation de Gratiolet, qui a signalé le développement plus hâtif des circonvolutions
frontales gauches. Peut-être alors la moitié gauche de l'organe
double du langage étant plus en état de fonctionner, c'est celle qui
agit sinon exclusivement, du moins principalement. S'il arrive que
anormalement chez un embryon ce soit le droit qui se développe
hâtivement, ce sera alors cet hémisphère qui s'habituera à fonctionner le plus.

Cette interprétation des faits nous paraît très-vraisemblable.

En résumé, après avoir compulsé les faits invoqués de part et d'autre au sujet de la localisation de la faculté spéciale du langage articulé, après avoir cherché à attribuer à chaque observation sa valeur véritable, nous avons été amené à penser que :

1° La faculté spéciale du langage articulé est localisée dans une portion du cerveau.

2° Ce n'est pas dans la partie antérieure des lobes frontaux.

3° La moitié postérieure de la troisième circonvolution frontale est très-vraisemblablement l'organe de cette faculté.

4° Il y a lieu de rechercher si une partie plus reculée de la circonvolution d'enceinte de la scissure de Sylvius n'aurait pas quelque part à cette fonction. Il faut faire la même recherche pour le lobule de l'*insula*.

5° L'organe cérébral du langage articulé est double et symétrique.

6° Quoique double, il est très-vraisemblable que l'un des deux prend une part plus grande à cette fonction, et c'est le plus souvent le gauche.

Ainsi nous paraît circonscrit le champ des fouilles qui doivent très-vraisemblablement amener, dans un avenir peu éloigné, la découverte *importante des limites* de l'organe du langage articulé. Commencées par Gall et M. Bouillaud, ces fouilles ont pris une activité nouvelle grâce à la conversion de M. Broca.

C'est dans la vallée de Sylvius, c'est dans sa circonvolution d'enceinte que la légion des pionniers de la science, chaque jour plus nombreuse, doit faire ses recherches. Cette légion ne doit pas se laisser décourager par le superbe dédain de ceux qui, se trouvant bien sur leur « siége[1], » ne veulent pas en changer, et qui, « daignant condescendre à citer des faits, » ne trouvent que des pseudo-faits « magnifiques » pour eux, mais n'ayant de réalité que dans leur

---

1. *Bulletin d'Acad.*, 1865. Discussion sur la localisation du langage articulé; cité p. 14, de cette thèse.

imagination, et qu'ils lancent à la tête de leurs adversaires pour leur donner le coup de grâce. La raillerie dédaigneuse de ces exécuteurs de la localisation rappelle, à s'y méprendre, celle de ces malheureux malades atteints de paralysie générale. Si on met en doute leur vigueur, ils nous prennent en pitié et ils se disent capables de nous broyer; disons-leur de nous presser la main, ils ne peuvent en faire que le simulacre et ne croient pas moins nous avoir fait du mal. Leurs expressions sont aussi ambitieuses que leur force est petite.

Mais s'il faut regretter ce superbe dédain qui n'a pas conscience de sa faiblesse, il ne faut pas moins déplorer l'indifférence de ces autres philosophes-médecins qui, ayant la possibilité de défricher les steppes de la science et de chercher la vérité, disent avec Montaigne : « Le doute n'est-il pas le plus doux oreiller sur lequel puisse se reposer une tête bien faite? » — Arrière cet épicurisme scientifique; il ne peut plus être de notre temps.

FIN.